上海出版印刷高等专科学校

高等职业教育质量年度报告（2019）

主　编：陈　斌　　滕跃民
副主编：汪　军　　孟仁振
　　　　姜晓红　　苏颖怡

上海大学出版社

·上海·

图书在版编目(CIP)数据

上海出版印刷高等专科学校高等职业教育质量年度报告.2019 / 陈斌,滕跃民主编. —上海:上海大学出版社,2019.12

ISBN 978 - 7 - 5671 - 3796 - 7

Ⅰ.①上… Ⅱ.①陈… ②滕… Ⅲ.①高等职业教育-出版工作-教育质量-研究报告-上海-2019 ②高等职业教育-印刷工业-教育质量-研究报告-上海-2019 Ⅳ.①G23-4②TS8-4

中国版本图书馆 CIP 数据核字(2020)第 035143 号

责任编辑　贾素慧
封面设计　柯国富
技术编辑　金　鑫　钱宇坤

上海出版印刷高等专科学校
高等职业教育质量年度报告(2019)
陈　斌　滕跃民　主编
上海大学出版社出版发行
(上海市上大路 99 号　邮政编码 200444)
(http://www.Shupress.cn　发行热线 021 - 66135112)
出版人　戴骏豪
＊
南京展望文化发展有限公司排版
江苏凤凰数码印务有限公司印刷　各地新华书店经销
开本 787 mm×1092 mm　1/16　印张 10.75　字数 181 千字
2019 年 12 月第 1 版　2019 年 12 月第 1 次印刷
ISBN 978 - 7 - 5671 - 3796 - 7/G · 3090　定价　48.00 元

目　录

案例目录

前　言

　　一元复始，万象更新。波澜壮阔的 2018 年是上海出版印刷高等专科学校发展史上具有里程碑式意义的一年。在全国纪念改革开放 40 周年之际，学校迎来了第一次党代会的胜利召开，作出了创建特色鲜明的应用技术型院校的"三步走"战略部署，在更高起点上开启了学校发展的新篇章。2018 年，学校还隆重召开了教学工作大会，对学校教学工作的成绩和经验进行了全面回顾和总结，对今后的形势和任务进行了科学分析和研讨。一年来，学校认真学习宣传贯彻党的"十九大"精神和习近平新时代中国特色社会主义思想，全面贯彻落实全国教育大会精神，牢牢把握社会主义办学方向，明确办学目标，在人才培养、专业建设、师资队伍、科技创新、文化建设、国际交流与合作等方面都取得了丰硕的成果。

　　2018 年，学校以落实教育部高等职业教育创新发展行动计划和教学诊断与改进工作为抓手，深入推进教育教学改革，教学科研成绩斐然，实现了多个历史性的新突破。学校有 1 项成果获得国家教学成果奖二等奖（全国高职高专界唯一的课程思政奖项），4 项成果获得全国新闻出版职业教育教学成果奖，7 项成果获得上海市教学成果奖，获奖质量和数量在上海高职高专院校中都名列前茅。学校重视教育教学质量提升，关注青年教师发展。学校教师在第三届"上海高校青年教师教学竞赛"中喜获佳绩，取得了历史性突破。艺术设计系张波老师荣获特等奖并被评为"教学能手"，影视艺术系吴鑫婧老师和印刷设备工程系陈昱老师分别荣获三等奖。2018 年，学校新增 2 门上海市精品课程和 1 支上海市教学团队。在上海市二维分类评价工作中，学校取得了上海"应用技能型院校"第一名的优异成绩。同时，学校还获得教育部"传统技艺传承示范基地"称号，被确定为第 45 届世界技能大赛印刷媒体技术项目集训基地，顺利通过美国印刷工业协会 ACCGC 印刷媒体技术专业认证，社会行业影响力显著提升。2018 年，学校成功获批教育部高校示范马克思主义学院和优秀教学科研团队重点立项，获批上海市哲学社会科学研究一般项目1项。学校的国家新闻广电出版总局首批重点实验室——"柔版印刷绿色制版与标准化实验室"，以生产技术与装备中绿色印刷的材料、工艺和技术为研究目标，取得了骄人的成绩，被评为优秀新闻出版业科技与标准重点实验室。

知识改变命运，技能成就人生。学生参加各类竞赛硕果累累。学校选送的14件参赛作品全部获得美国印刷大奖班尼金奖。美国印刷大奖组委会首次向学校颁发了集体金奖。在2018年中国技能大赛——第45届世界技能大赛全国选拔赛中，艺术设计系影视动画专业学生杨欢，在"3D数字游戏艺术"项目上以总分第二名的成绩顺利晋级国家集训队；在印刷媒体技术项目上，学生李思佳、张在杰顺利进入国家集训队。在第10届"全国大学生广告艺术大赛"的角逐中，学校学生喜获总决赛一等奖和三等奖的优异成绩。

奋斗成就梦想，实干赢得掌声。2018年，陈斌校长荣获第6届黄炎培职业教育奖杰出校长奖，是上海地区唯一获此殊荣的获奖者；张波老师被上海市总工会授予"上海市五一劳动奖章"荣誉称号；王东东老师被授予"2018年上海工匠"称号。2018年，世界技能组织主席西蒙·巴特利受聘学校名誉教授，定期为学校师生开设关于"应用技术技能"领域的国际学术前沿专题的讲座，为学校人才培养提供富有成效的智力支持和咨询服务。

岁月不居，时节如流。回首2018，我们豪情满怀，感慨万千。展望2019，我们步伐坚定，斗志昂扬。2018年是贯彻党的"十九大"精神的开局之年，是决胜全面建成小康社会、实施"十三五"规划承上启下关键的一年。2019年是新中国成立70周年，2020年全面建成小康社会。这些时间节点，标注着历史前行的足迹，让人心向往之、行亦趋之。学校将继续深入学习贯彻落实党的十九大精神和习近平新时代中国特色社会主义教育思想，抓住新时代新机遇，以大情怀、大格局、大气概、大作为展现能力和担当，真抓实干、埋头苦干，扎实推进内涵建设，聚焦办学治理能力和治理水平提升，全面提高人才培养质量，推动人才培养、科研创新和社会服务实现新的突破，全面推动学校跨越式发展，在新的一年做出无愧于历史、无愧于时代的新业绩，为学校的发展开启新的征程！

1. 办学基本信息

1.1 学校历史沿革

1953 年 10 月,按第 1 届全国出版会议决定,上海印刷学校正式成立,成为新中国第一所印刷专业学校。1957 年 5 月,文化部发函高等教育部,上海印刷学校正式改为中等技术学校(中专)。1962 年 9 月,上海出版学校正式并入上海印刷学校;同年,上海海军船舶设计学校一个班及音乐舞蹈学校部分学生也并入上海印刷学校。经过 30 多年的不懈努力,1987 年 12 月,"上海出版印刷专科学校"经国家教委批准正式成立,学校由新闻出版署和上海市人民政府共同领导。之后在中意两国政府的大力支持下,学校领导班子历经 8 年努力,1990 年 7 月,中意印刷培训中心正式成立。1992 年 4 月,学校校名正式调整为"上海出版印刷高等专科学校",上海开始拥有了全日制的出版印刷高等教育基地。1994 年 9 月,学校进行学分制改革,走在上海市乃至全国高校学分制改革前列。1996 年 3 月,王选院士为学校捐赠一批"Wits 系统",积极支持和推动学校印刷出版专业数字化发展。2000 年 10 月,根据国务院"学校实施属地化管理"的要求,学校划归上海市教育委员会管理,由国家新闻出版署和上海市人民政府共建。2003 年 5 月,学校划归上海理工大学管理,积极推进大学系统协同发展。2008 年,学校在教育部高职高专院校人才培养工作水平评估中被评为优秀。2010 年,学校被列为国家 100 所骨干建设高职院校单位之一,2015 年通过教育部和财政部两部委验收并获得"优秀"等级,是上海市高职院校唯一获此殊荣的单位。2017 年,学校 1 名教师入选第 46 届世界技能大赛申办形象大使,学校助力上海获得2021 年世界技能大赛举办权。

1.2　学校战略定位

学校以培养服务于上海和全国出版印刷传媒业的技术技能型人才为己任，秉承"依托行业，发展特色，立足上海，服务全国"的办学宗旨，以"工文艺融汇、编印发贯通、教学做互动"为办学特色，培养具有"国际视野、人文素养、艺术眼光、创新意识"的技术技能型人才。学校坚持职业教育的办学方向，坚持依托行业产业的办学思想，努力打造成具有国际重要影响力的中国出版印刷传媒领域高等职业教育龙头院校。

学校坚持"内涵发展、特色发展、国际化发展"，坚持"观念兴校、特色立校、人才强校"，建设"三位一体"的国家示范性骨干高职院校，成为国家出版印刷人才培养基地、上海文化创意产业服务基地、国际先进传媒技术推广基地（图1-1）。

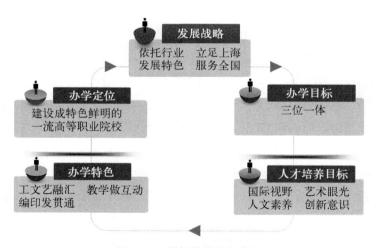

图1-1　学校发展目标定位

1.3　系（部）建设

学校目前拥有印刷工程与包装设计、出版传播与文化管理、艺术设计与影视动漫三大专业群，覆盖6个系、2个教学部和1个实训中心（图1-2）。

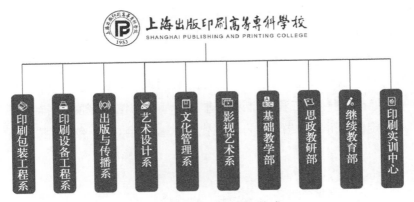

图 1－2　学校教学部门构成

1.3.1　印刷包装工程系

印刷包装工程系成立于 1953 年,是学校历史最久的系部之一。目前开设有印刷媒体技术、图文信息处理、数字印刷技术、包装工程技术、包装策划与设计等 5 个专业。其中,国家骨干高职院校重点建设专业 2 个,上海市("085"工程)重点建设专业 2 个,上海高职高专"一流专业"1 个。目前,全系在校学生 1421 名,教职员工 41 名,其中专任教师 27 名。印刷包装工程系在 2017 年度部门考核中荣获优秀,并获教学单项考核优秀。在 2017 年上海市级教学成果评选中,该系荣获教学成果一等奖 2 项,二等奖 1 项,在获奖数量及获奖层次上均取得历史性突破。同时,该系还荣获 2018 年全国新闻出版职业教育教学成果二等奖 1 项。

在上海市教育委员会开展的 2017 年上海市高职高专院校重点专业(一流专业)建设比武大赛中,该系的印刷媒体技术专业团队获一等奖,包装技术与设计专业团队获三等奖,实现了历史性突破。

在第 45 届世界技能大赛全国选拔赛(上海赛区)中,印刷媒体技术专业学生李思佳、张在杰,在印刷媒体技术项目上,代表上海与来自全国其他 10 支代表队的优秀选手,同台竞技,经过激烈角逐,最终分别以第 3、4 名的优异成绩进入国家集训队。图文信息处理专业学生秦乐天,代表上海参加了 2018 年中国技能大赛——第 45 届世界技能大赛全国选拔赛(上海赛区)平面设计技术项目的比赛,凭着自身实力,最终成为上海唯一入选平面设计技术项目全国选拔赛的选手。

在长期的人才培养实践中,印刷包装工程系形成了"名企引领、工学结合、能力递进"的人才培养模式,与国际知名企业、国内名企校企合作,以师生参与企业课题,解决企业实际问题为突破口,将项目转化为专业课程教学内容的实训项目,构建了以创新能力训练为核心的系列课程,促进学生综合能力的提升。2018年,印刷包装工程系继续推进与上海博物馆的深度合作,开展"准师徒制"人才定向培养,将传统工艺与现代技术相结合,培养创新型"工匠"人才(图1-3)。

图1-3　学生在上海博物馆文物保护科技中心进行"准师徒制"实习

1.3.2　印刷设备工程系

印刷设备工程系成立于20世纪50年代,在国内最早开办印刷机械专业,专门从事印刷设备及印刷过程数字化、自动化、数字媒体设备使用维护等方面的教学和研究,具有鲜明的工科特色。该系培养具有印刷媒体技术背景,从事印刷设备的运行、维护、管理、销售等工作的技术技能型人才。

印刷设备工程系现有教职工25名,其中专任教师17人。拥有高级职称教师9名,中级职称教师8名。博士(含在读)学位教师7人,硕士学位教师16人。目前,该系开设有印刷设备应用技术、印刷设备应用技术(印刷商务)、机电一体化技术、计算机信息管理、物联网应用技术等专业(方向)。印刷设备应用技术和机电一体化技术教学团队为上海市级教学团队。

印刷设备工程系除了基础实验室外,还有机电一体化技术创意实训室、网络创新与实践中心、印刷机结构调试实训室、印刷机拆装实训室、印刷机自动检测技术实训室等 5 个实验(实训)基地。

印刷设备工程系紧密贴近行业发展,大力加强专业、教学、师资队伍和实训基地建设,建立了数十家长期合作的产学研基地。该系积极实施"以培促教、以赛检学、以创新带动创业""立体交互式"高职"双创"型的人才培养模式,积极参加各类职业技能竞赛和学科竞赛,并取得了优异成绩。

图 1-4　印刷设备工程系教学现场

1.3.3　出版与传播系

出版与传播系的历史可追溯到 1987 年,原出版教研室改建为出版系,同年开始在上海地区招收大专生,1988 年起在全国招生。2002 年,出版系正式更名为出版与传播系。

出版与传播系目前设有出版与电脑编辑技术、出版商务、数字出版、广告设计与制作、会展策划与管理等 5 个专业,其中国家骨干高职院校重点建设专业 1 个,上海市"085 工程"重点建设专业 2 个,中高职贯通专业 2 个。各专业既相互区别又相互联系,组成了以信息的选择采集、加工制作、组织传播为特征的出版传播专业群。

全系现有教职工 32 人,其中,具有博士学位的教师 7 人,硕士学位的教师 23 人;拥有副高以上职称者 11 人。专任教师中有来自行业的专家近 10 人,另有近 10 名行业专家担任兼职教师和实习指导教师。全系拥有上海市级教学团队 2 个,市级精品课程 3 门,市级重点课程 5 门。

出版与传播系现建有中央与地方高校共建实验室——传播科学基础实验中心,拥有国内一流的数字媒体传播实验室,出版物制作一体化专业实验室,VR/AR 应用制作开发实验室,3D 影像摄制与效果处理实验室等,为教学和科研服务,同时向行业、企业提供各种形式的社会服务。

出版与传播系迄今已向全国各地输送 5 000 多名毕业生,众多毕业生已成为新闻、出版、传播、广告、会展行业的业务骨干。该系学生多次在全国或省市级专业比赛和技能竞赛中获得优异成绩。

在以互联网、人工智能、大数据技术为代表的现代科学技术快速发展的背景下,出版传播行业面临数字化转型以及企业从组织架构到生产流程的全面革新。出版与传播系将紧密依托行业,立足上海,为出版行业、传播行业、广告行业和会展行业培养"文理交融,技艺结合"的应用型技术技能专业人才。

图 1‑5　出版传播系教师赴行业企业交流

1.3.4　艺术设计系

艺术设计系创建于 1962 年,是学校办学历史较长的系之一。艺术设计系长期以来立足上海、面向全国,依托行业优势,注重发挥专业特色,努力培养应用型、复合型全面发展的综合性人才,目前在全国同类院校中有着较高的声誉和显著的影响力。

　　艺术设计系目前开设了艺术设计（印刷美术设计）、影视动画、数字媒体设计、展示艺术设计、室内艺术设计等 5 个专业及 1 个中法合作（影视动画）、1 个中高职贯通专业。全系目前在校生人数达 800 余人。2019 年，新增电子竞技运动与管理专业，招收电竞运动管理及主持、游戏制作、电子竞技等三个方向共 120 名新生。

　　艺术设计系现有专任教师 27 人，其中教授 2 人、编审 1 人、副教授 6 人；具有博士学位的教师 7 人，硕士学位的教师 8 人。全系拥有上海市精品课程 1 门，上海市重点课程 2 门，公开出版了高等学校"十三五"规划教材 12 种，"十二五"职业教育国家规划教材 14 种，横向科研经费达 52 万元。

　　在云集上海各大高校名师的"第 3 届上海高校青年教师教学竞赛"中，艺术设计系教师张波从 238 位决赛选手中脱颖而出，凭借"二维动画创作项目实训"课程，排名高职高专综合组总分第一名，获得特等奖。同时张波老师获上海市总工会授予的上海市"五一劳动奖"章、上海市教委授予的上海市"教学能手"等荣誉称号。2019 年，艺术设计系学生获得第 14 届中国大学生广告艺术设计大赛金奖。在第 45 届世界技能大赛全国选拔赛中，影视动画专业学生杨欢经过努力拼搏，在"3D 数字游戏艺术"项目上以总分上海赛区第一名、全国第二名的成绩顺利晋级国家集训队，成为此项目仅有的 10 名国家集训队员之一。"3D 数字游戏艺术"项目在第 44 届世界技能大赛第一次被列为正式赛项，虽然"3D 数字游戏艺术"项目成为正式赛项时间不长，但在世界范围内迅速得到越来越多参赛国的响应，角逐十分激烈。艺术设计系于 2017 年下半年开始就在全校开展了宣传和选拔培训工作，得到了校领导及相关职能部门的大力支持，杨欢从 80 多名报名的选手中经过层层筛选，最终站上了中国技能大赛的舞台。

　　继 2017 年，艺术设计系师生再接再厉，在 2018 年第 69 届美国印刷大奖Benny Award（班尼奖）比赛中，再次斩获 6 项金奖。创办于 1950 年的"美国印刷大奖"由美国印刷工业协会主办，被誉为世界印刷界的"奥斯卡"，其最高荣誉Benny Award（班尼奖）金奖是以美国最具影响力的发明家本杰明·富兰克林（Benny 是 Benjamin Franklin 的昵称）命名的最高荣誉奖项。由于这项赛事的非营利性，使得评比过程非常公开、公平、公正，在国际印刷行业具有崇高的声望。

图 1-6　艺术设计系学生参加第 10 届　　　图 1-7　艺术设计系学生参加世界
　　　　全国大学生广告艺术大赛　　　　　　　　　技能大赛选拔赛

艺术设计系除与国内数十家企业建有良好的校企合作关系外,还与新加坡南洋理工大学、加拿大魁北克大学、法国国际音像学院、意大利佩鲁贾美院、英国贝特福德大学、英国诺丁汉大学及澳大利亚、美国、马来西亚等多个国家的 10 余所著名艺术设计类院校建立并保持良好的合作关系,每年派出数十名学生赴国外相关院校实习、参观与学习交流。

1.3.5　影视艺术系

影视艺术系坚持"专业建设要与社会需求相结合,主动适应社会经济发展需要"这一专业建设指导思想,依据自身办学定位,结合地方经济发展特别是影视行业发展需求,加强专业建设的调研论证,积极拓展开设新专业,不断优化专业结构。在专业布局规划中,突破传统专业的定位,以职业技能实操手段为纵线,以创意与设计方法为横线,以影像视觉传媒和品牌文化策划为核心,合纵连横而环环相扣,为学生构建一个符合市场发展需求的专业群综合体。

影视艺术系现设有广播影视节目制作、影视编导、戏剧影视表演、广告设计与制作(影视广告)、数字媒体艺术(多媒体设计与制作)、影视多媒体技术、广告设计与制作(中美合作)、广播影视节目制作(中法合作)等 8 个专业(方向),其中,广播影视节目制作专业被列为高等职业教育创新发展行动计划骨干专业建设项目。影视艺术系现有专任教师 27 人,其中教授 2 人、副教授 3 人、高级工程师 2 人;兼职影视行业教师 16 人;具有博士学位的教师 3 人,硕士学位的教师 20

人。影视艺术系重视教学建设,取得了丰硕的成果。多媒体设计与制作专业、影视多媒体技术获上海市教学团队称号,有上海市教学名师1人,上海市精品课程4门。2018年,系部教师发表论文23篇;出版教材3本,其中国家"十三五"规划教材1本;软件著作权专利1个;纵项项目23个,经费总额196万元;横向项目18个,经费总额77.708万元;科研获奖2项。

影视艺术系与美国奥特本大学、法国3IS国际影像学院建立并保持良好的合作关系,每年派出数十名学生赴国外相关院校留学、实习、参观及其他形式的学习交流。2018年,影视艺术系新建影视传媒生产性实习基地1个。该生产性实习基地拥有800平方米的大型演播厅,融媒体多功能教室,40个双证融通高端工作站,20个声音编辑工作站,5.1声道录音室,虚拟演播室。

为积极响应全国教育大会精神,助力民族伟大复兴的中国梦,通过职业教育培养大国工匠,更好地给企业提供优质对口的人才,影视艺术系依托上海电视台新闻坊、第一财经、上海电视台生活时尚、上海教育电视台、上海各区广播电视台和新闻传媒中心等媒体,共建校台联盟,培养广播影视传媒制作人才。台校联盟的目的是加强学校与媒体间的交流合作,取长补短,共同开展以"企业化制度""企业化情境""企业化培养"及"企业化激励"为教学模式的实践,力求达到课程标准与行业标准有效对接,打通教学、生产、就业的全环节,实现大贯通。

2018年,影视艺术系承办上海高校实践育人创新创业基地联盟"启影"第3届大学生电影节。在各级领导、兄弟院校以及社会各界的关心支持下,"启影"大学生电影节逐步发展为极具专业特色的影视文化品牌活动,在上海乃至全国具有较强的影响力。本届"启影"电影节共收到来自全国各地近300部作品。电影节活动旨在为在校大学生搭建实践与交流的平台,鼓励更多青年学子发扬原创精神、创作出与时代精神相契合的优秀影视作品。学校也将以此为平台,不断开拓进取、推陈出新,为影视行业注入新鲜血液,帮助青年电影人实现心中梦想。

在教学过程中,影视艺术系鼓励教师们多元化、深层次进行教学改革。影视表演专业以剧本的策划、演绎和创作作为"点",以舞台的实训、指导和彩排为"线",通过对毕业大戏全面整合和全力推介,将单一的戏剧小品教学内容拓展成丰富的"戏中戏",并带动影视多媒体技术的舞台灯光、影视编导的编剧、广播影视节目制作的摄像等多专业学生的综合实践。

图 1 - 8　影视艺术系学生"毕业大戏"现场

1.3.6　文化管理系

文化管理系成立于 2013 年,是学校以日趋繁荣的文化产业及我国规模巨大的艺术品交易市场发展需要为背景而设立的。目前有会计、文化市场经营管理、艺术设计(艺术经纪)3 个专业以及出版商务(文化媒介与版权经纪)、艺术设计(艺术经纪)2 个中法合作办学项目。

文化管理系拥有一支学历层次高、结构合理的专兼结合的高素质师资队伍:现有专职教师 20 人,其中具有博士学位的教师占 45％,具有硕士学位的教师比例为 100％;拥有一支稳定的、高水平的行业专家组成的兼职教师队伍。文化管理系始终秉持"以应用为宗旨,以能力实训为主线,面向市场办学,紧贴岗位育人"的办学理念,立足于文化产业与艺术品市场的商科应用型管理人才培养,密切校企合作,有效实施产教融合,践行"岗证赛"实践教学体系人才培养,实验实训项目内容丰富。文化管理系积极引入国外先进的教育理念,着力推动文化艺术领域商科人才培养的国际化进程。经过 5 年的建设发展,文化管理系在专业建设、人才培养、教育改革等方面取得了显著的成绩。

(1) 突出专业特色,提高专业内涵和质量,推进人才培养模式和课程体系改革

以专业建设为载体,以文化艺术商务管理人才为特色培养方向,构建"以全版权运营能力为基础,文化艺术经纪业务多岗位适应能力培养"为主线的人才培

养模式,重点探索特色核心课程体系构建,创新产教融合新模式,引进国外优质教育资源,进行以能力培养为主线的人才培养模式改革的实践和探索。以职业能力为主线,构建文化艺术商务管理人才培养的特色专业核心课程体系,设有文化传媒运营管理在线学习特色课程平台。

(2)创新校企合作新模式,积极开发校内外形式多样的真学实做特色实训项目

基于文化传媒知名企业已有企业运作平台,共同研究开发校内全仿真虚拟实训项目,开发了基于"雅昌艺术网"为平台的文化艺术品电子商务实训项目、影视宣传发布与制片管理项目、3D文化市场营销等。与上海城市艺术博览会、上海自由贸易区文化授权展、上海凡酷文化传媒有限公司开展文化传媒运营管理与版权经纪人才培养校外特色实训项目,校企合作共同设计真学实做实习项目,密切产教融合,取得了显著成效,教学改革经验总结在《文汇报》上发表。

图 1-9 文化管理系学生赴企业实习

(3)"以赛促教、以证促学、以岗促练"相融合,人才培养成果显著

开展"岗证赛"相融合的实践教学改革,将各相关技能大赛竞赛内容与各职业岗位对接,增强学生岗位的适应性和就业的竞争性。文化管理系学生获得2018年美国班尼奖2项,以及2018年全国高校精英挑战赛会展创意创新实践调研组一等奖及设计组三等奖等。

(4)高质量引进国外优质教育资源,致力于培养具有国际视野的文化媒介与版权人才

积极引入国外先进的教育理念,开展多项目、多层次的对外合作与交流,着力推动文化艺术领域商科人才培养的国际化进程。文化管理系现有与法国艺术

文化管理学院合作举办的出版商务 (文化媒介与版权经纪)、艺术设计 (艺术经纪) 两项中外合作办学项目,并与法国艺术文化管理学院、法国 IPAG 高等商学院成功实施"2+1""2.5+1.5"联合培养项目,为培养具有国际视野的应用技能型文化产业及艺术品市场领域的商务管理人才创造了有利条件。2018 年,全系共引进文化管理领域优质课程 15 门,引进翻译出版国外文化艺术管理领域图书 5 部。"出版商务 (文化媒介与版权经纪方向)"中法合作项目作为高水平中外合作办学项目被纳入教育部高等职业教育创新发展行动计划。

(5) 积极开展文化产业领域及职业教育科学研究,取得丰富的成果

近年来,文化管理系教学团队成员主持教育部人文社会科学基金项目 3 项,主持上海市教育科学重点项目 1 项及上海市晨光项目、科研创新项目等省部级以上项目 5 项,科研经费达到年人均 1.6 万元,发表论文 100 余篇。

(6) 专业建设活动与学生活动相结合,思政教育有效融入专业教育

校园文化活动是高校思想政治教育工作和大学生校园生活的重要组成部分。文化管理系创新地将专业建设活动与学生活动相结合,结合专业特色与人才培养实际,每年举办"艺槌爱心拍卖会"活动,征集学生创作的作品,指导学生按照展览策划、拍卖真实业务活动开展,拍卖所得款项用于贫困山区爱心支教。该活动是学校的品牌校园文化活动,是培养学生的有效途径,为同学们提供了更多、更大、更好的学习实践平台。2018 年文化管理系艺槌爱心拍卖会筹得善款 7 万余元,全部用于贫困山区爱心支教与慈善爱心活动。活动的开展不仅让学生在专业技能上有所提高、让学生拍卖师通过现场实践与课堂教学理论知识结合,培养学生服务公益事业的社会责任感,全面贯彻了实践育人、文化育人、组织育人的思政教学理念。学生将自己的专业能力提升与奉献社会融为一体,把服务他人与教育自我有机地结合起来,一方面可以增强自身的社会责任感、奉献精神,另一方面也可以开阔视野,丰富人生经验,锻炼和增强参与社会事务和公共事务的能力,提高专业知识水平和技能。

1.3.7　基础教学部

基础教学部由外语、数学和体育 3 个教研室组成,共有教职工 29 人,其中副教授 9 人,讲师 17 人。基础教学部承担着全校一、二年级的基础课教学任务,开设了"体育与健康""微积分""工程数学""大学英语""实用英语""托福英语""印刷行业英语"等课程,另外开设了"公共管理学""数学拓展""英语口语""商务英

语阅读""实用英语写作"等选修课;承担指导数学建模社团、空手道社团、乒羽社团、ET 舞社、英语口语社、滑轮社等学生社团工作。同时,基础教学部还开设了商务英语专业,目前有两届在校学生。

　　基础教学部把教学改革作为一切工作的重点,力求在教学内容、教学方法上有所突破,以提高学生的学习兴趣,把知识点、能力点用快乐教学的手段传授给学生,同时将思政素养、人文素养、职业素养渗透到教学中,达到潜移默化、润物细无声的效果。2018 年 5 月,基础教学部举办了校内师生共同参与的翻译大赛,收到作品 200 余件,得到了专家、同行的一致好评;10 月,结合学校优势专业的职业技能训练,参加上海高职高专院校"中国故事"英语视频大赛,获得一等奖 1 项,二等奖 2 项,并荣获优秀组织奖;组织并培训学生参加全国数学建模竞赛,获得上海市二等奖 1 项和三等奖 1 项。基础教学部教师注重加强自身业务水平,积极参加各类教学科研竞赛,获得全国高校"一带一路"高峰论坛论文二等奖,全国学校体育科学大会论文二等奖。

　　基础教学部秉承着"为'一带一路'倡议培养优秀外语人才"的理念,在商务英语专业推行了导师制、晨读、定期辅导答疑等一系列措施,旨在培养学生良好的学习习惯和学习能力,并与多家企业建立了良好的合作关系,为学生的实践活动提供平台。

图 1-10　校领导与晨读学生合影

图 1-11　学校英语教师指导晨读学生

1.3.8　思政教研部

　　思政教研部承担全校思想政治理论课的教学任务,肩负着对全校学生进行马克思主义理论教育的使命,思政课是对学生实施思想政治教育的主渠道。思政教研部现有专职教师 8 人,其中博士 5 人;教授 1 人,副教授 1 人,讲师 5 人。

2018年,思政教研部教师获得上海市教学比赛一等奖2项,二等奖和三等奖各1项,获得全国思政课"教学能手"称号1次,并获得全国思政课影响力人物提名奖。思政教研部成立以来,教师完成省部级以上课题十多项。

与普通本科院校相比,高职高专院校的思想政治理论课在教学目标的定位、教学标准的设计、教学方法的选择、教学模块的取舍、教学环境的营造等方面都有自身的特质。针对高职学生整体上人文社会科学知识基础较薄弱,学习动机不足,理论学习表现出表层化的特征,教师团队进行了教学方法的改革。思政课教师结合职业技能人才的培养目标,实施案例教学、专题教学、情景教学等,教育教学效果明显提高。尤其是近几年采取的课前时政播报,鼓励学生上台讲时政新闻、教师点评的方式深受学生欢迎。

思政教研部积极推进专业实训课堂融入思政课要点,最终形成了专业实训课与思政课"同向同行"的"课中课"(实训课中的思政课)教学模式:即专业实训课与思想政治理论课同向同行,在育人上形成了协同效应。该模式坚持理论教学和实践教学相结合,将思政课教学融入技能培养的专业实训中,增强了学生参与思政课教学的动力,提高了教学效果,提升了学生的职业素养,学生有获得感,教师有满意度,使各类课程与思想政治理论课同向同行,形成协同效应。

思政课围绕提高教学效果,定位于支持专业培养,提升职业素养的目标,系统开展学科建设。通过组织教师培训、科研项目资助、教研协同创新、实践教学等抓手,在队伍、教学、科研、行业融合等方面全面拓展,成果丰硕。思想政治理论课充分结合学校特质,利用行业优势,逐步形成以"职业素养"为主线、"阳光心理"为机制、"就业发展"为导向的思政教育理论模块,引领职业教育的发展。从2013年开始,在专题教学、实践教学方面取得的"课中课"教学改革模式获得了行业好评。"课中课"教学改革模式被国家职业教育年度报告收录,获得国家教学成果奖二等奖、全国优秀案例、上海市教学成果奖职业教育特等奖等奖项。学校现为全国高职高专院校思想政治理论课建设联盟副会长单位、上海市高职高专院校思想政治理论课建设联盟会长单位。举办了全国第3届高职院校思政课骨干教师培训。教育部社科司、教育部高校思想政治理论课教指委、上海市教委、全国高职高专院校思政课建设联盟等多方专家对"课中课"模式在"职业技能与职业素养相互促进""高职思政课教学示范作用""做到了全员育人"等方面给予了肯定,认可了在高素质技能人才培养的教学理念、培养途径和教学实践等方面实现的创新。在2016、2017年度中宣部、教育部举办的全国高职高专院校思政课骨干教师培训班上，"课中课"模式引起强烈反响。已经有深圳信息职业技术学院、四川交通职业技术学院、山东商业职业技术学院等 50 多所高校教师来交流学习。

1.3.9　继续教育部

上海出版印刷高等专科学校自 1990 年开展成人高等学历教育以来，继续教育部以"高中起点专科"为办学层次，以业余学习为办学途径，所开设的专业领域覆盖了工、文、艺、管等领域。目前开设了印刷媒体技术、出版商务、数字媒体艺术设计和影视表演等 4 个专业。学校多年来以培养服务上海乃至全国出版印刷传媒业的技术技能型人才为己任，印刷媒体技术、出版商务作为传统专业充分体现了学校的学科优势。2017、2018 年结合学校专业特色以及根据社会对成人教育的需求，新增开设数字媒体艺术设计和影视表演专业。2018 年度，继续教育部共聘请教师 18 人，其中本校教师 12 人，占 66.67％。部共有管理人员 6 人，另外校外聘请 2 位兼职班主任。部门管理人员积极参加上海市成人教育协会组织的培训研讨，学习继续教育管理先进经验。同时定期组织专项培训，重点开展档案整理、论文指导、班主任等培训工作。目前学校下设一个校外学习站点拱极路教学点。学校通过学生座谈会了解学生的学习感受，学生对学校、任课教师、班主任、教学实训、教学活动等方面都给予了较高的评价，对老师的满意度普遍较高。

1.3.10　印刷实训中心

印刷实训中心（以下简称"中心"）是学校主要的实训实践场所，现有实训室 14 个：海德堡印刷实训室、小森四色印刷实训室、柔印实训室、柔版制版实训室、数字印刷实训室、印后实训室、CTP 制版实训室、晒版实训室、单色胶印实训室、裁切实训室等。中心师资力量雄厚，其中 1 名教师曾担任过第 45 届世界技能大赛全国选拔赛印刷媒体技术项目裁判长，1 名教师被上海市总工会授予"2018 年上海工匠"，1 名教师荣获"上海市优秀共青团员"称号。

中心主要负责学校学生的实践实训教学，配合系部完成专业课程的现场教学以及实验。日常实训采用分组小班化轮换方式，涉及制版、数印、印后、柔印、晒版、胶印等多个实训项目。2018 年仅在校生的日常实训就达 34 743 人/时。中心与系部合作，打造高技能人才梯队，为全国印刷行业职业技能大赛、世界技能大赛印刷媒体技术项目培养优秀选手,为行业企业输送优秀人才。作为第44届世界技能大赛印刷媒体技术项目中国集训基地,中心还承担着国家队集训培训工作的重任。

2018年3月5日起,世赛基地分两个阶段对上海集训队进行培训,6位选手分组进行专项训练。在第45届世界技能大赛全国选拔赛(上海赛区)的赛事组织过程中,中心从比赛场馆布置、设备安装调试、大赛氛围营造、安全提示到候考休息室安排与服务等方面都是高标准、严要求,全力保证比赛项目的顺利进行。2018年9月12日,2018年中国技能大赛——第45届世界技能大赛全国选拔赛组委会秘书处(人力资源社会保障部职业能力建设司)向学校致函表示感谢,对学校为大赛成功举办作出的贡献给予高度评价。

图 1 - 12 世赛现场

2018年10月9日起,中心作为世赛印刷媒体技术项目中国集训基地(牵头单位)对7位国家队选手分组进行专项训练,所有训练内容严格按照计划进度进行。学校协办第6届全国印刷行业职业技能大赛平版印刷员(职工组)全国总决赛(10月22—26日),印刷实训中心做好赛场布置、设备调试、休息室安排的保障工作和技术支持工作。10月20—21日,印刷实训中心利用周末时间,为来自全国25个省市区共113名选手进行了为期两天的考前专项培训。

2018年11月29—30日,在基地进行了第45届世界技能大赛印刷媒体技术项目第一阶段集训的第一次选拔。第一阶段集训的第二次选拔在12月举行。最终两次选拔的综合排名前3的选手进入下一阶段的集训。

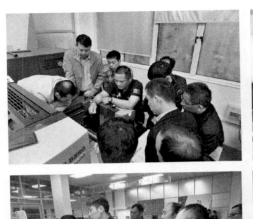

图 1-13　赛前培训

中心配合学校各系部完成 14 项学生班尼奖作品的选送工作,全程参与评审及印刷工艺指导工作,最终,学校参赛的 14 项作品均获得金奖。

利用基地资源,中心积极为"一带一路"沿线国家和地区提供培训服务,先后为俄罗斯、白俄罗斯、哈萨克斯坦、巴基斯坦等国家和地区院校的师生开展了印刷实训类培训。

1.4　专业建设与特色

企业用人与专业培养目标对接

国际行业标准与教学内容对接

专业建设和人才培养过程"四个对接"

实训环境与企业真实工作环境对接

教学水平与行业企业最新技术对接

图 1-14　专业建设和人才培养过程的"四个对接"

1.4.1　专业建设背景

习近平总书记在2018年9月的全国教育大会上强调，新时代新形势，改革开放和社会主义现代化建设、促进人的全面发展和社会全面进步对教育和学习提出了新的更高的要求。学校目前正处于改革发展的关键时期，机遇与挑战并存。要实现学校高质量、跨越式发展，必须在新一轮党和国家机构改革、国家经济社会和高等教育发展的大背景、新格局下谋划学校发展。2018年中共中央印发了《深化党和国家机构改革方案》，中央宣传部统一管理新闻出版工作，中央宣传部对外加挂国家新闻出版署（国家版权局）牌子。我们要积极响应，主动作为，持续推进国家新闻出版署与上海市共建学校工作，进一步发挥部市共建优势，依托行业、区域推动学校发展。当前，世界范围内新一轮科技革命和产业变革蓄势待发，信息技术、新材料技术、新能源技术广泛渗透到几乎所有领域，带动了群体性重大技术变革，大数据、云计算、移动互联网等新一代信息技术同人工智能和智能制造技术相互融合步伐明显加快，创新与人才的竞争愈加激烈。高校作为知识创新源头和人才资源的供给侧，是推动产业变革的重要支撑力量。"中国制造2025"行动纲领已经开启，上海建设具有全球影响力的科技创新中心已初具规模，上海"四大品牌"建设全面启动，上海打造国际文创中心不断发力。学校要在未来发展中赢得发展先机，必须以科技创新为重点，以人才发展为核心，优化学科和专业布局，顺势而为，乘势而上，抓住产业巨变和历史机遇，肩负起行业龙头院校的责任担当和历史使命。

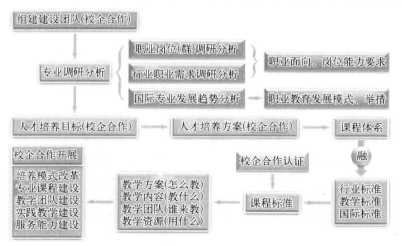

图1-15　校企合作专业建设路线图

1.4.2　专业结构与规模

学校结合区域经济发展和行业转型升级实际,推进专业集群化发展,致力于构建印刷工程与包装设计、出版传播与文化管理、艺术设计与影视动漫三大专业群。2017—2018 学年全校共设置招生专业(方向)35 个,涵盖印刷包装工程系、出版与传播系、艺术设计系、影视艺术系等 6 个系部。学校专业设置始终坚持紧跟行业需求的原则,围绕学校整体定位和人才培养总体目标,已覆盖《国家"十二五"时期文化改革发展规划纲要》中要重点发展的十大门类产业,包括印刷业、出版发行业、广告业等传统文化产业,以及文化创意、数字出版、移动多媒体等要加快发展的新兴文化产业。

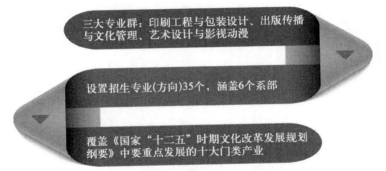

图 1 - 16　学校三大专业群及其构成

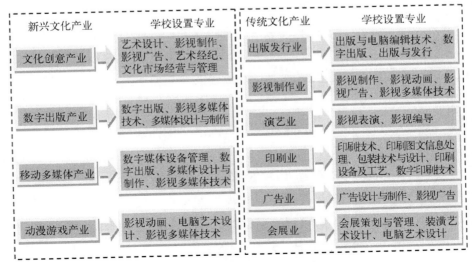

图 1 - 17　学校专业设置适应文化产业发展需求

1.4.3 重点建设专业

目前,学校拥有国家级教育教学改革试点专业 1 个,国家级重点建设专业 5 个,省级重点建设专业 7 个,共有 11 个专业分别为不同类别、层次的重点专业,占学校专业总数的 39.29%,覆盖学校三大专业群,成为带动相应专业群发展的龙头专业。

表 1-1 2017—2018 学年重点专业情况

专 业 名 称	国家级重点建设专业	上海市重点建设专业	上海市一流专业建设	重点建设专业总数
印刷技术	√			
印刷图文信息处理	√			
出版与电脑编辑技术	√			
艺术设计(印刷美术设计)	√			
数字出版	√	√		
影视动画		√		
数字印刷技术		√		
包装技术与设计		√	√	
出版与发行		√		
印刷设备及工艺		√		
机电一体化技术		√		
合计	5	7	1	11
占全校专业总数比例(%)	17.86%	25.00%	3.57%	39.29%

案例:专业建设与社团运行协同融合　创新实践人才培养模式

在我国提出建设"创新型"国家的前提下,在传统印刷包装产业面临转型和升级的背景下,印刷媒体技术专业积极探索专业建设和社团运行协同融合下的创新人才培养模式,有效解决课堂教学改革滞缓的问题,构建学生不同职业素养需求的新途径、新方法,实现拔尖技术技能型人才全面复制培养的过程。

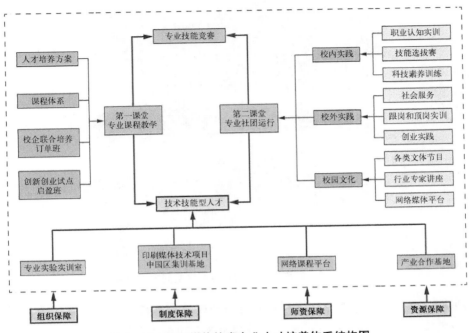

图 1-18　印刷媒体技术专业人才培养体系结构图

1. 世赛引领，资源整合，推动竞赛成果向教学资源转化

以世界技能竞赛标准和职业资格标准为突破口，研究印刷媒体专业课程体系和世赛标准、国家职业资格标准之间的内在关系，将技能要求、训练规程、评价指标变成教学内容、课程标准和教学评价，打造 CAI 课件、网络课堂、教学管理、资源库管理、信息发布等模块化、立体化精品课程软件平台。

2. 产学合作，优势共享，创新协作教学模式

以印刷包装行业企业岗位需求和职业教育人才培养深度"对接"为目标，融合专业属性和现实需求，从平台建设、资源建设和教学管理三个方面探索基于产学合作基地平台上理论与实验实训协作学习环境的构建。共建立了印刷加工、印刷装备与材料、包装印刷三类 38 个校企合作工作站，建成印刷技术岗位 9 个职业资格知识库，新增 55 个校企合作开发实验实训项目，最终利用 Bb Learn 在线平台为协作教学提供有力支撑。

3. 融合专业建设，实现社团专业化运行，打造创新社团模式

作为印刷媒体技术专业第二课堂的印艺学社在专业专任老师和企业兼职教师的指导下，实行社团的专业化运行，确保三年教学过程中社团成员达到从职业

图1-19　印刷媒体技术专业开发系列实训课程

基本能力→单项技能能力→综合职业能力→岗位职业能力的递进式培养目标。同时鼓励成员积极钻研专业知识,参与专业教师和企业专家创新课题研究,探索专业发展新趋势,组织和开展具有内涵和深度的社团活动,充分体现社团的专业性。

图1-20　印艺学社成员获"挑战杯"全国创新创效创业大赛一等奖

印艺学社成功入选首批上海市学生科技创新社团,在2014年社团成员获得"挑战杯"全国一等奖1项,上海市二等奖1项的基础上,2014级和2015级学生再次获得了2016年"挑战杯——彩虹人生"全国职业学校创新创效创业大赛全国三等奖1项,上海市特等奖1项、一等奖1项、三等奖1项。

4. 全真训练, 点面结合, 实现世赛模式全面复制与推广

印刷教研室"驻扎"印艺学社, 建立校内社团专用实训室, 在专业教师的指导下, 采用角色扮演、案例分析、任务驱动、项目一体化等教学手段, 指导社团实行模拟公司化运行模式, 从职业道德与职业守则、专业基础知识和技能、职业岗位综合能力等全方位全真训练来提升社团成员的综合职业素养。社团成员在完成自身职业素养培养的同时, 辅以"学长制"形式实现不同年级"专业精神"的传承, 做到以点带面、点面结合, 真正实现学生自我管理、自我教育、自我提高的世赛模式全面复制与推广。

图 1 - 21　印艺学社成员接受技能培训

在 2012 年的第三届全国印刷行业职业技能大赛"平版印刷员""印品整饰员"同学组比赛中, 有 13 名同学分获一、二、三等奖; 在 2014 年的第四届全国印刷行业职业技能大赛同学组比赛中, 有 15 名同学获得全国大赛的奖项, 在 2016 年的第五届全国印刷行业职业技能大赛"印品整饰员""凹版印刷员"比赛中, 又有 11 人分获一、二、三等奖。

在 2013 年、2015 年和 2017 年, 学生王东东、张淑萍和杨慧芳代表中国走上世界技能大赛的舞台, 其中王东东、张淑萍同学分别获得第 42 届、第 43 届印刷媒体技术项目的铜牌和银牌, 并留校任教。2017 年, 第 46 届世界技能大赛申办

形象大使,张淑萍和2016级中高职贯通学生萧达飞分别在世界技能组织成员大会上作现场陈述,助力上海获得2021年世界技能大赛举办权。

 案例:文化传媒运营管理创新班

凡酷文化传媒创新班主要面向文化管理系2016级和2017级出版商务(文化媒介与版权经纪,中法合作)学生,实施"模块化课程、项目制运营"的技能型人才培养模式,通过"理论＋案例＋项目实训"的形式,培养新媒体产品开发、影视项目运营、新媒体宣传发行等相关领域的项目经理和文化经纪人才。

自2018年3月开班以来,凡酷派出专业导师团队,为学生精心讲授网络影视产品的开发、制作、运营、宣发等整个产业流程的理论知识和实际经典案例。自2017—2018学年第二学期开始,每周安排一个全天开展实践教学,聘请具有丰富实战经验的行业专家及从业人员进行集中授课,并定期邀请文化传媒行业知名专家来校讲座。

图1－22　凡酷内部课程演练　　　　图1－23　凡酷高管为创新班学生授课

真实岗位仿真实训即在文化产业实践环节,借助仿真模拟以及项目组形式,学生参与到传媒企业真实的文化项目开发与项目运营过程中,零距离学习和参与文化传媒企业的具体运营流程和专业技能。学生进入文化传媒企业一线,以分组形式开展不少于2个月的实习实训,引导学生在实训过程中模拟文化传媒企业市场分析、项目策划和执行、新媒体推广等全流程操作,并针对不同学生的兴趣和特点,给予职业建议与技能侧重培养。针对企业具体的岗位,创新班设置了文化传媒项目策划、文化传媒市场数据分析、新媒体推广、新媒体制片管理、经纪人实战经验等五大内容模块对应的企业真实岗位。

图 1-24　2018 年暑期学生实践走访

随着中国网络电影和院线电影、网剧市场的迅猛发展,新媒体影视人才已经满足不了市场需求。没有经过职场历练和市场熏陶的学生来到企业,从入手到上手,起码需要半年以上时间。校企深度合作,将使学生提前进入工作状态,毕业即可实现就业,使学生、学校、企业三方受益。

案例：教学比武喜获佳绩

2017 年 12 月 26 日下午,上海市高职高专院校第 7 届重点专业(一流专业)建设比武决赛现场捷报频传,学校印刷媒体技术专业团队获一等奖,包装技术与设计专业团队获三等奖,成为历届大赛唯一获得两个奖项的院校,实现了我校参赛成绩的历史性突破。

学校印刷媒体技术专业在学校常务副校长滕跃民的带领下,由专业带头人肖颖、教研室主任葛惊寰、优秀毕业生张淑萍、企业代表上海烟草印刷包装有限公司领导甘向红组成团队,经过初赛、复赛的激烈角逐,一路过关斩将,最终挺进决赛。在决赛现场,该团队各成员以对接国际标准,服务产业升级,聚焦民生需求,培养一流人才,进而服务上海"卓越全球城市"建设,从"校企深度合作,夯实发展基础","对接国际标准,引领专业建设"和"瞄准世界一流,开启新的征程"三个方面全面阐述了该专业如何"由国内领先迈向国际一流"的建设历程,并向大家阐述了该专业早日实现世界一流的信心和决心。精彩的汇报得到在场所有专家、评委和观众的高度赞扬,现场掌声不断。

图 1-25 常务副校长滕跃民率队参赛

图 1-26 "印刷媒体技术"专业参赛
团队与领导和专家合影

本次大赛由上海市教育委员会主办,上海市职业教育协会协办,上海市职业教育协会高职高专教学工作专委会和上海市高职高专教学研究会承办,共有来自本市 23 所高职高专院校的 26 个专业参加本次大赛。学校和系部领导对大赛高度重视,教务处等有关部门积极组织沟通,相关系部全力配合,集中体现了学校的凝聚力和较高的专业建设水平

1.4.4 中高本硕贯通

作为全国唯一以出版印刷为特色的国家级示范性骨干高等职业院校,学校以探索建立适应产业发展需求、产教深度融合、中职高职紧密衔接、专—本—硕贯通、职业教育与普通教育相互沟通,建设具有中国特色、世界水平的现代出版印刷职业教育体系为己任,充分发挥上海新闻出版职教集团"职教联合体"的作用,着力打通人才培养通道,搭建学生多样化选择、多路径成才的"立交桥"。

表 1-2 中高职贯通试点情况表

贯 通 学 校	贯 通 专 业	2018 年招生人数(人)	批准时间
上海新闻出版职业技术学校	印刷媒体技术	53	2012 年
上海市逸夫职业技术学校	艺术设计专业(印刷美术设计)	40	2013 年

续　表

贯　通　学　校	贯　通　专　业	2018 年招生 人数(人)	批准时间
上海新闻出版职业技术学校	出版商务	30	2014 年
上海新闻出版职业技术学校	数字出版	26	2016 年
上海新闻出版职业技术学校	数字图文 信息技术	28	2017 年
上海新闻出版职业技术学校	包装策划与设计	29	2018 年
上海市逸夫职业技术学校	影视动画	30	2018 年

图 1-27　校际联合、校企合作,构筑现代职业教育体系

案例: 以就业为导向,紧跟行业转型——印刷媒体技术(中高职贯通专业建设)

随着出版印刷行业自动化、数字化进程的加快,出版印刷企业在逐步转型发展的进程中,需要大量掌握印刷技术及数字媒体技术的复合型专门人才,对学生的综合素质、专业技能和熟练程度也提出了更高的要求。中高职贯通培养模式为中等职业教育与高等职业教育之间构建起了"立交桥",可以将学生培养成能够满足企业需求的一线高素质技能型人才。通过中高职教育贯通培养模式可以在现有人才培养的基础上,加大行业高技能人才培养力度,为出版印刷行业培养出更多操作型高技能的后备人才。中职阶段专业技能的培养,高职阶段人文素养的积淀、高级技能的再培养与职业素养的养成,二者的互补结合实现多元化、

综合型印刷人才的培养目标。

一、"中高职贯通"专业基本概况

首批招生的印刷媒体技术中高职贯通专业 39 名学生 2013 年入学上海新闻职业技术学校,2016 年转段进入上海出版印刷高等专科学校,2018 年 6 月完成五年学制正式毕业。目前在校的 2017 级和 2018 级中高职贯通学生共计 99 人。

学校通过对 2016 级、2017 级、2018 级三届中高职贯通学生的培养试点,不断完善本专业中高职贯通培养的运行机制,通过专业研讨、联合教研、共享资源、召开家长会、学生访谈等方式,不断提升培养成效。

二、"中高职贯通"建设举措与成果

1. 创新培养模式,优化试行方案

中高职教育贯通培养模式的推行以试点专业人才培养方案为基础,涉及人才培养目标、教学计划、课程设置等关键要素,是人才培养的指导性文件。培养方案注重实践性教学及其课程模块间的相互渗透,培养方案和课程的一体化设计;强调培养过程五年不断线,体现贯通培养的一贯性;构建文化基础、专业核心课、专门化方向课、专业拓展课的"四模块"课程,凸显"三个能力",即社会能力高、专业能力强、方法能力。

在进行课程设计时,对中高职相关课程进行全面系统的梳理,整合教学内容,重新分配课时计划,重新设计课程教材。在专业课设计方面,以职业能力模块化设计开发专业课程,重新梳理原有中高职的课程门类,以岗位所需职业能力为核心对课程进行模块化设计,突出教学内容对接岗位需求,教学内容的重组与整合,按理论知识学习与职业能力培养要求进行整体设计,并分段实施。前三年将学生对专业的认知及基本技能的基础打好,把中高职阶段重复课程及教学内容删去;后两年则适当拓宽专业面,注重专业核心课程的学习,加强实训和毕业设计实习。在公共基础课方面,也按照一体化设计的思想,做好文化基础课程、思想政治课程、德育课程等的中高职层次的衔接,使学生能顺利实现中高职层次学习的过渡,提高学习的效率。

在中高职贯通培养的试点过程中,通过专业研讨、联合教研,每年对《印刷媒体技术专业中高职贯通教育培养模式教学实施方案》进行更新和完善,不断促进专业与产业对接、课程内容与职业标准对接、教学过程与生产过程对接,以强化学生实践能力的培养。

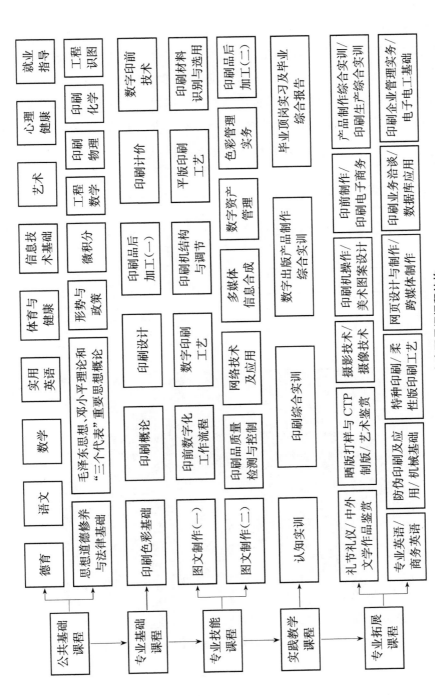

图 1-28　中高职贯通课程结构

2. 推进课程教学改革,加强内涵建设

(1) 编写中高职贯通专业课程标准与校本教材

2017 年,学校与上海新闻出版职业技术学校平面媒体印制技术教研室专业教师多次开展联合教研活动,讨论编写印刷媒体技术专业中高职贯通教育培养模式部分专业课程的课程标准,推进教学标准化建设。本专业已经和中职教师联合编写了《印刷化学》中高职贯通校本教材,2016 级新生已开始使用。

表 1-3　中高职贯通课程标准一览表

课　程　名　称	编　写　人　员
印刷品后加工	肖　颖、李红光
印刷色彩基础＋色彩管理实务	葛惊寰、张世佳
平版印刷工艺	田东文、余　竹
印刷机结构与调节	金　琳、祁书艳
印刷化学	俞忠华、杨婷婷
印刷材料识别与选用	龚　云、于士才

图 1-29　课程标准目录与研讨会现场

(2) 加强以"任务引领""理实一体""技能模块"为核心的课程建设

以印刷媒体技术专业相关工作任务和职业能力分析为依据,结合上海市课程标准,确定课程目标,设计课程内容,构建基于职业能力要求的技能模块型课程。在教学实施过程中,不断探索,在"印刷综合实训"等课程中,引导学生在"学""做"和"思"的过程中,掌握制作一件印刷品的完整流程和所需的各项技能。

(3)共享师资,推进课程教学改革

将本专业"印刷化学""印刷物理""印刷材料识别与选用"等课程的教师选派到中职学校授课,共享教学资源。此外,与上海新闻出版职业技术学校多次联合开展教研活动,探讨课程建设的实施方法与教学方法的改革,共同完成教学改革实践研究课题。

图 1-30   联合教研与课题研究

3. 组织实施各类学生素质提升活动

(1)组织参与行业展会,拓宽专业视野

学校注重加强对学生职业道德教育、职业素养和终身发展能力的培养。组织 2018 级中高职贯通学生参观第 7 届中国国际全印展,不仅提高了本专业学生的专业素质,而且调动了学生学习专业技术的积极性和主动性,使广大学生在参观活动中受到潜移默化的影响。部分学生还参与现场志愿者活动。全印展的服

图 1-31   全印展志愿者服务现场

务工作不仅仅是一种服务能力、沟通能力、协调能力的锻炼，更是一次有意义的实践教学，通过展会服务，学生拓宽了视野、增长了知识，了解当今世界最先进的印刷设备、工艺流程、技术热点等，有些同学甚至还与企业有了沟通，为今后的就业提前做起了准备。

（2）组织聆听行业讲座，强化对行业的认知

邀请德国施海纳集团副总裁 Robert Weiss 先生做以"印刷的未来——从功能性标签印刷的视角，透视印刷行业的未来"的主题讲座。Robert 先生以功能标签应用为例，从印刷行业发展趋势、创新功能化印刷以及生产制造面临的挑战对印刷业的未来做了详细的分析阐述，并结合公司生产研发的实际分析了功能性标签印刷带来的未来印刷业发展的乐观趋势。讲座使学生在学好专业知识的同时开阔了眼界，更新了对印刷外延的认知，坚定了为印刷业的未来发展做贡献的决心和信心。

邀请正美集团总经理特别助理陈详衡为学生做"你无法想象的印刷业——从 Apple 做到 Apple"讲座。通过介绍个人奋斗经历，激励学生刻苦努力学习专业知识；介绍印刷行业的相关前沿技术及其商业应用，坚定学生学好印刷专业的

图 1 - 32　行业企业专家讲座

信心;通过宣传正美集团企业文化,对学生在求职过程中的行业选择与个人发展提出了宝贵的建议。

来自盛威科(上海)油墨有限公司的应用技术经理孙中民聚焦印刷中的油墨,通过"不仅仅聚焦包装的色彩——油墨,至真至诚(Not only focus on color—Ink, Heart & Soul)"的主题为同学们详细介绍了印刷中油墨的广泛应用、油墨印刷原理与印刷工艺等。

中科院上海硅酸盐研究所助理研究员、国家自然科学基金青年基金获得者周晓霞为学生做"VOCs降解催化研究前沿及其在印刷行业中的应用"专业讲座,加深学生对行业企业的印象,强化学生对行业的认知。

4. 全面提升技能,积极组织学生参与行业比赛

指导学生参加职业技能大赛。2016级中高职贯通班的徐子超、沈逸聪等3名同学通过层层选拔进入世界技能大赛印刷媒体技术项目上海市选拔赛,获得优异成绩。2018级中高职贯通班学生王倚菲、居硕成参加第6届全国印刷行业职业技能大赛平版印刷员(学生组)全国总决赛分获一、二等奖;赵怡玲、徐佳玮参加平版制版员(学生组)全国总决赛获三等奖。

图 1－33　中高职贯通专业学生参加各类行业大赛

中高职贯通培养模式处于试点探索阶段,必须进一步深化课程教学改革,全面提升专业基础能力、发展能力、服务能力和品牌影响力,实现内涵发展、特色发展、创新发展。人才培养方案的实施,必须以就业为导向,紧跟行业转型,才能为出版印刷业的可持续发展提供技术技能型人才。

1.5　师资队伍建设

1.5.1　师资队伍建设成果

近年来,学校推行人才强校战略,通过引进与培养并举,大力引进高层次人

才、强化教师素质培养、鼓励教师积极开展对外交流、推动专业教师参加企业实践等举措,不断优化师资队伍结构,深化师资队伍内涵建设。学校拥有国家级教学名师 1 名,上海市教学名师 4 名;拥有国家级教学团队 1 支,上海市级教学团队 12 支;黄炎培职业教育杰出校长奖获得者 1 人,毕昇印刷杰出成就奖获得者 2 人,全国新闻出版行业领军人才 6 人,全国技术能手 5 人,新中国 60 年百名优秀出版人物 2 人,中国百名有突出贡献的新闻出版专业技术人物 1 人,全国印刷行业百名科技创新标兵 1 人;荣获"上海工匠"称号 1 人,"上海市五一劳动奖章"称号 1 人。聘请世界技能组织主席西蒙·巴特利为名誉教授,建立"西蒙·巴特利中国技能研究工作室";引进国家级工艺美术大师,成立"陈海龙大师工作室"。专任专业教师双师素质的教师占专业教师的比例达 90.48%。有半年以上海外留学、进修、培训经历的教师占专任教师的比例为 12.3%。

表 1-4 学校教学团队建设成果一览表

年 度	等 级	团 队 名 称	负责人
2010	国家级	图文处理专业课程教学团队	姚海根
2008	上海市级	印刷技术专业群教学团队	徐 东
2012	上海市级	多媒体设计与制作专业教学团队	王正友
2012	上海市级	出版与电脑编辑专业教学团队	陈达凯
2013	上海市级	数字印前实践教学团队	顾 萍
2013	上海市级	包装技术与设计专业教学团队	潘 杰
2013	上海市级	出版商务教学团队	张文斌
2013	上海市级	印刷设备工程教学团队	汪 军
2014	上海市级	平版印刷实训教学团队	薛 克
2014	上海市级	印刷电气工程教学团队	王 凯
2015	上海市级	图文信息处理(中美合作)教学团队	孔玲君
2016	上海市级	印刷设备应用技术实践教学团队	潘 杰
2017	上海市级	影视多媒体技术专业教学团队	王正友

1.5.2 师资队伍总体情况

学校现有专任教师 219 人,外聘兼职、兼课教师 224 人,专任专业教师双师素质比例保持在 90%左右。

表 1 - 5　　2018 年度师资队伍总体情况

年份	专任教师数量（人）	双师素质教师数量（人）	博　士		硕　士		本科（学士）	
			数量（人）	比例（%）	数量（人）	比例（%）	数量（人）	比例（%）
2017	213	134	38	17.84	134	62.91	41	19.25
2018	219	129	44	20.09	136	62.10	39	17.81

1.5.3　师资队伍内涵建设

（1）双师素质教师队伍建设

学校将双师素质教师队伍建设作为人才队伍建设的核心任务，以教师产学研践习制度、教师企业实践项目为推手，不断健全师资队伍建设机制，强化校企人才交流，拓展教师双师素质培养途径。学校制订了"择优聘请、相对稳定、适时调整"的兼职教师管理制度，积极聘请来自行业企业一线的兼职教师来校任教，建立了一支相对稳定、经验丰富的兼职教师队伍，建立了专业教师与行业专家、企业工程技术人员和能工巧匠"互聘互派"的长效机制。学校加大了双师素质教师队伍建设的资金保障，给予赴企业践习、实践的教师及部门津贴补贴、设立专项资金奖励考取职业资格证书的教师，有效推进了双师素质提升。

表 1 - 6　　2018 年度新增教师企业实践基地

部　门	实　践　基　地
印刷包装工程系	上海荣美包装印刷有限公司、上海本谷企业发展有限公司、上海芈芮印刷科技发展有限公司、上海壹墨图文设计制作有限公司、上海致彩实业有限公司等
出版与传播系	上海置森数码技术有限公司、上海万马堂广告有限公司、上海轩辕展览服务有限公司、上海辞书出版社等
印刷设备工程	上海纺印利丰印刷包装有限公司等
艺术设计系	同济实业集团同设建筑院、竹然创意、上海刘维亚原创设计工作室、上海力思室内设计有限公司、中建基础设施勘察设计集团建设集团有限公司华东分公司、海勒展览展示（上海）有限公司、上海龙之谷数码科技有限公司、上海亚熙亚文化传播有限公司、中物联规划设计研究院有限公司上海分公司等
文化管理系	上海凡酷文化传媒有限公司等
影视艺术系	上海艺瓣文化传播有限公司、上海威阿智能科技有限公司等

续　表

部　门	实　践　基　地
基础教学部	华东师范大学出版社、上海滨海爱特翻译服务有限公司、上海杨浦区社会体育指导员协会、上海融博信息技术服务有限公司、上海晶远电子有限公司等

表 1‑7　2018 年度双师素质教师队伍建设情况

年份	专业教师数（人）	双师素质专业教师数（人）	双师素质教师占专业教师比例（％）
2018	126	113	89.68％

（2）教师专业发展工程推进情况

学校积极推进"教师专业发展工程"，鼓励教师申报"教师专业发展工程"中的"产学研践习计划""国内访学计划"及"国外访学计划"。工程实施以来，广大教师教学水平和社会服务能力得到显著提高。

表 1‑8　2017—2018 年教师培训进修情况

合　计		集　中　培　训		远　程　培　训	
专任教师（总人次）	培训时间（总学时）	专任教师（人次）	培训时间（学时）	专任教师（人次）	培训时间（学时）
172	12 984	92	6 784	80	6 200

1.5.4　师资队伍获奖情况

2017—2018 学年间，学校教师在教书育人、管理育人、服务育人等方面成绩斐然，取得累累硕果。学校教职工共获得省市级以上奖项、荣誉称号 50 余项，其中，获得国家教学成果奖 1 项，全国新闻出版职业教育教学成果奖特等奖 1 项、一等奖 1 项、二等奖 2 项，上海市级教学成果奖特等奖 1 项、一等奖 2 项、二等奖 4 项；学校新增上海市精品课程 2 门，新增上海市教学团队 1 支。

表 1‑9　2017—2018 学年教职工主要获奖情况

奖　项		获　奖　对　象	
国家级教学成果奖	二等奖	思政教育融入专业实训课的"课中课"同向同行模式创新与实践	滕跃民、马前锋、汪军、张玉华、陈挺、孟仁振、王永秋、石利琴、薛克、苏颖怡、穆俊鹏、冯艺、吴娟、郭扬兴、张婷

奖　项		获　奖　对　象
全国新闻出版职业教育教学成果奖	特等奖	"立足专业、依托行业、创产融合"新闻出版创新创业人才培养模式的探索与实践	陈斌、顾凯、滕跃民、王胜、汪军、吴昉、孟仁振、李晶晶、忻喆、姚瑞曼
	一等奖	基于工学结合的出版专业理实一体化课程开发与建设	黄静、靳琼、马迁、刘芳、沈菁、王贞
	二等奖	校企协同实践育人下的人才培养生态链研究	王正友、肖澎、孙蔚青、李艾霞、张俊
		印刷数字化流程与输出(教材)	刘艳、纪家岩、顾萍
2017 年上海市级教学成果奖(职业教育)	特等奖	思政课融入专业实训课的"课中课"同向同行模式	滕跃民、马前锋、汪军、张玉华、陈挺、石利琴、薛克、苏颖怡、李不言、张华
	一等奖	"互联网＋"时代协同培养"工匠精神"高技能人才的探索与实践	顾萍、顾凯、杨晟炜、牟笑竹、钱志伟、崔庆斌、田全慧、孙浩杰、傅建华、蔡志荣
		专业建设与社团运行协同融合下印刷媒体技术人才培养模式的创新与实践	肖颖、顾凯、于璇、姚瑾、葛惊寰、王东东、叶欢、田东文、金琳、俞忠华
	二等奖	"对标国际、制度先行、产教协同、内驱激发"——创新创业型技术技能人才培养的探索与实践	陈斌、滕跃民、罗尧成、汪军、宗利永
2017 年上海市级教学成果奖(职业教育)	二等奖	"以培促教,以赛检学,以创新带动创业""立体交互式"高职"双创"型人才培养模式的探究	潘杰、陈昱、周萍、王凯、敬朝晖
		基于中美合作的国际化图文信息处理技术技能人才培养实践	孔玲君、汪军、孟仁振、刘艳、周颖梅
		基于"互联网＋"实践教学质量立体化监控与智能化管理的平台建设	吴娟、汪军、孟仁振、周樊华、穆俊鹏
第 6 届黄炎培职业教育奖杰出校长奖	陈斌		

续　表

奖　　　项		获　奖　对　象
2017 年度上海市精品课程		包装工艺与设备：徐东、周淑宝
		灯光技术基础：吴鑫婧
2017 年度上海市教学团队		影视多媒体技术专业教学团队：王正友等
上海市总工会 工人先锋号		教务处
人力资源和社会保障部通报表扬为第 44 届世界技能大赛做出突出贡献的个人		薛克、李不言
上海市 五一劳动奖章 奖牌		张波
上海市教学能手		张波
上海工匠		王东东
2017 年上海职业教育年度人物		王红英
第 3 届上海高校青年教师教学竞赛	高职高专综合学科特等奖	张波
	高职高专综合学科三等奖	陈昱
	社会科学三等奖	吴鑫婧
首届高职高专思想政治理论课教师"教学标兵"		马前锋、张玉华
2018 年上海市优秀共青团员		张淑萍
第 6 届上海高校辅导员职业能力大赛二等奖		姚瑞曼
2017 年"知行杯"上海市大学生社会实践项目大赛优秀指导教师		曹一帆

图 1-34　2018 年上海市级教学成果奖获奖证书

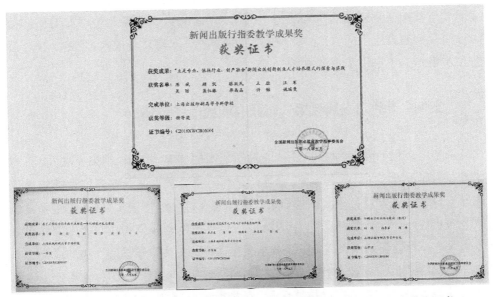

图 1-35　2018 年全国新闻出版职业教育教学指导委员会教学成果奖获奖证书

案例：学校教学改革成果荣获国家级教学成果奖

2018 年，教育部下发了《教育部关于批准 2018 年国家级教学成果奖获奖项目的决定》(教师〔2018〕21 号)，并公布了获奖名单。学校教学成果《思政教育融入专业实训课的"课中课"同向同行模式创新与实践》获得国家级教学成果二等奖。

该成果具有鲜明的独特性，它聚焦课程育人、实践育人和文化育人，在思政课老师协同专业实训老师培养学生职业技能和职业素养方面实现了零的突破。创新性地将德育元素融入技能培养环节，使思政教育与专业实训目标互融，打通了显性技能培养和隐性素养培育相互促进的通道。在此基础上，该成果凝练成了基于"寓道于教、寓德于教、寓教于乐"，具有"画龙点睛式、专题嵌入式、元素化合式"实施标准的职业教育"同向同行"的上海版专范例，成为"课程思政"在全国高校的先行探索者。通过实践推广，使学生有了获得感、教师有了幸福感，是高职教育领域"全员育人、全方位育人、全过程育人"的活样板。

在此次教学成果奖申报过程中，团队成员发扬团结协作和艰苦奋斗的精神，克服了重重困难，终于取得良好的成绩。同时该成绩也是全校广大师生与教学管理工作者长期坚持理论与实践探索的结果，也说明了学校人才培养工作获得同行和专家的高度认同，标志着学校教育教学改革取得显著成效，并为学校今后的人才培养工作提供了重要支撑。

案例：青教赛上展风采　斩获高职高专特等奖

两年一度的青年教师竞赛是一场教学艺术的盛宴。2018 年第 3 届"上海高校青年教师教学竞赛"适逢学校"启盈杯"教学竞赛，学校选派的 3 位教师取得了优异的成绩。艺术设计系张波老师荣获高职高专综合组特等奖，影视艺术系吴鑫婧老师荣获社会科学组三等奖，印刷设备工程系陈昱老师荣获高职高专综合组三等奖。这是学校长期以来高度重视教学质量建设与关注青年教师发展的成果。

"启盈杯"教学竞赛由教务处与校工会联合策划与组织。该次比赛分为校内选拔赛与上海市决赛。在选拔赛阶段，学校就非常重视，常务副校长滕跃民、党委副书记顾凯、副校长曾忠、教务处长汪军以及督导组专家等作为竞赛评委，从教学方案设计、教学内容、教学组织、语言教态、教学特色、教学反思等多项指标进行打分,并从不同角度对参赛教师进行点评并提出相关建议,专家的点评与指导为教师在上海市决赛取得优异成绩夯实了基础。

在决赛阶段,教务处与校工会积极做好参赛教师的服务和培训工作,组织观摩往届比赛,邀请专家对3位进入决赛的教师进行系统培训。参赛系(部)主任及学校常务副校长滕跃民更是亲自指导参赛教师,协助参赛教师精益求精不断完善教学设计,使学校青年教师的授课水平和教学能力有了质的飞跃。参赛系(部)及学校实训中心也积极配合参赛教师备赛,在各个环节提供支持。

图 1-36　获奖教师及获奖部门代表与常务副校长滕跃民合影

图 1-37　艺术设计系张波老师荣获高职高专综合组特等奖

1.6　媒体宣传

2018年,学校在教学改革、人才培养方面的成果受到社会各界的广泛关注,并被各大媒体纷纷报道。学校的社会影响力得到进一步提升;学校的办学成果得到进一步彰显；学校的社会地位得到进一步提高。

表 1-10　2018 年媒体对学校的宣传报道一览表(部分)

序号	名　　　称	媒　　体
1	新时代的奋进者——上海出版印刷高等专科学校改革开放 40 年征程回望	伟大复兴——改革开放 40 年印刷业辉煌印记(1978—2018)中国印刷技术协会、中国印刷杂志社组织编写
2	上海版专与阿里体育合作开展电竞教育	中国文化报
3	上海出版印刷高等专科学校将首次开设电子竞技运动与管理专业	青年报
4	校企合作促杨浦"电竞中心"建设　上海版专电竞专业 2019 秋招 120 人	东方网
5	电竞产业人才缺口多　上海校企合作培养专业人才明年秋招生	中新网
6	对教学"走心"对学生"上心"上海出版印刷高专教师张波精心设计教学环节　倾力打造趣味课堂	东方教育时报
7	助力打响"上海文化"品牌,上海出版印刷高等专科学校文化管理系聚焦文创产业发展、创新人才培养模式——立足产业发展　全方位培养文化媒介与版权经纪国际化人才	文汇报
8	机遇与挑战——上海出版印刷高等专科学校依托校企合作理事会平台开创校企合作工作的新局面	新闻晨报
9	校企合作进入深领域	中国新闻出版广电报
10	教泽绵绵　薪火相传	中国新闻出版广电报
11	实践中创新　改革中奋进	中国新闻出版广电报
12	让当代毕昇精神发扬光大	中国新闻出版广电报
13	上海出版印刷高等专科学校建校 65 周年公告	解放日报
14	大学老师变身"橙背心"守护学生回校路	杨浦电视台
15	上海书展志愿者:"累并快乐着"的一群年轻人	东方网
16	探索艺术教学改革,这所上海高校成为全球印刷界"奥斯卡"国内最大赢家	上观新闻

续　表

序号	名　称	媒　体
17	因梦结缘世赛舞台　携手推动技能发展——世界技能组织主席西蒙·巴特利受聘担任上海出版印刷高等专科学校名誉教授侧记	解放日报
18	毕业生的新航程：从母校走向未来	东方教育时报
19	上海印刷界捧回多项大奖　由3所学校选送的20件作品摘美印刷大奖学生类别金奖	解放日报
20	艺槌爱心拍卖活动筹款助力青少年创意艺术教育	东方网
21	不同人生道路，同样成就精彩	东方教育时报
22	世界技能组织主席、上海出版印刷高等专科学校名誉教授西蒙·巴特利到校交流工作并为师生授课	上海高职
23	高校探索艺术生培养改革：让学生在做中学习，在学中实践	澎湃新闻
24	用心耕耘的园丁——记静安区政协委员吴昉	联合时报
25	职业体验日：传承工匠精神　体验职业奥秘——第4届职业活动周暨2018年上海高职职业体验日活动精彩启动	上海高职微信公众号
26	团代会志愿者领队：为了开幕式凌晨2点就醒了	青年报
27	学界、业界共商我国演出经纪人人才培养	光明网
28	大一新生作品也能办展？从"照抄"到"创作"，这所学校探索艺术教学改革	上观新闻
29	世赛翻译韩明　在没有硝烟的战场上	技能中国
30	世界技能组织主席西蒙·巴特利受聘上海出版印刷高等专科学校名誉教授	新闻晨报
31	在上海举办第46届世界技能大赛前，大赛组织主席在这所高校上起了课	上观新闻
32	打造国际标准院校　培养高端技能人才——上海出版印刷高等专科学校国际化办学之路	中国教育报
33	白俄罗斯首都电视台对学校学生赴白学习交流活动进行报道	白俄罗斯明斯克首都电视台《首都详情》
34	"印刷述"主题作品展　感悟印刷技艺的匠心与创新	杨浦电视台
35	毕业大戏登上舞台　创新演绎教育青春	杨浦电视台

序号	名　　　称	媒　　体
36	讲述印刷背后的故事"印刷术"主题展在沪开幕	上海教育电视台
37	2018 年上海市学生实践育人创意市集开幕	上海教育电视台
38	创意设计亮相创意市集　作品精美收获满满赞誉	杨浦电视台
39	上海出版印刷高等专科学校建校 65 周年	上海教育电视台
40	上海出版印刷高等专科学校举行 65 周年校庆系列活动	杨浦电视台
41	第 6 届全国印刷行业职业技能大赛平版印刷员全国总决赛开赛	上海教育电视台
42	第 6 届全国印刷行业职业技能大赛平版印刷员全国总决赛开赛	杨浦电视台
43	中欧当代插图与影像展在沪开幕	上海教育电视台
44	插画展览遇见童心　中欧画作各有天性	杨浦电视台
45	上海出版印刷高等专科学校世界技能大赛赛前培训	上海教育电视台
46	备战世界技能大赛　中哈选手集训交流	杨浦电视台
47	2018 年"俄语国家大学校长研修班"学员在沪参观学习	上海教育电视台
48	专业实践和公益服务两不误　上海版专学生组织爱心拍卖会	上海教育电视台
49	"启影"第 3 届大学生电影节在沪闭幕	上海教育电视台
50	校园"导演"初长成　成就学生电影梦	杨浦电视台
51	大学生校园 T 台秀"织梦青春"上海大学生校园服装设计大赛开赛	上海教育电视台
52	大学生服装设计大赛　酷炫设计引领时尚风潮	杨浦电视台
53	外国学生来沪学习　课堂中感受上海"魔力"	杨浦电视台
54	学生艺术设计作品展　创新创意跃然纸上	杨浦电视台
55	25 项创意活动贯穿全年"汇创空间"为大学生搭建展示平台	上海教育电视台
56	西蒙·巴特利加盟版专　助力世界技能大赛	杨浦电视台
57	张淑萍:"90 后"世界级技能高手　让印刷成荣耀	中央电视台二套财经频道

2. 学生发展

2.1　招生与生源质量

2.1.1　招生计划、新生实际录取数和报到率

2018 年,学校在全国 31 个省、直辖市和自治区计划招生 2 000 人,实际录取新生 1 946 人,实际报到 1 767 人,新生报到率为 90.80%。在上海市计划招生 731 人,实际录取新生 707 人,实际报到 691 人,新生报到率为 97.74%。

表 2-1　2018 年学校计划招生数、实际录取数和报到率

生　　源	计划招生数(人)	实际录取数(人)	实际报到数(人)	报到率	各类生源报到率①
全国 31 个省（自治区、直辖市)②	2 000	1 946	1 767	90.80%	100%
上海市	731	707	691	97.74%	39.11%
其他省(市)、自治区	1 269	1 239	1 076	86.84%	60.89%
西部地区③	329	354	293	82.77%	16.58%
非西部地区	1 671	1 592	1 474	92.59%	83.42%

2.1.2　生源地区分布

作为一所行业特色院校,学校秉承"立足上海,依托行业,育人为本,服务全国"

---

① 由各类生源实际报到人数除以总报到人数计算得出。
② 未包括香港、澳门两个特别行政区和台湾地区。
③ 西部地区包括四川、重庆、贵州、云南、广西、青海、西藏、新疆、陕西、甘肃、宁夏、内蒙古等 12 个省、直辖市和自治区。

的办学宗旨,以培养为上海乃至全国出版印刷传媒业服务的高端技能型人才为己任,招生范围覆盖全国除香港、澳门两个特别行政区和台湾地区之外的 31 个省、直辖市和自治区。2018 级新生来校报到 1 767 人,其中 691 人来自上海市,占总人数的39.11%,其余 1 076 人分别来自其他 30 个省、直辖市和自治区,占总人数的 60.89%。

表 2 - 2　学校 2018 年新生中来自上海市和全国其他地区的比例

	人　数	比　例
上海生源	691	39.11%
非上海生源	1 076	60.89%

表 2 - 3　学校 2018 年新生中来自西部地区和非西部地区的比例

	人　数	比　例
西部地区生源	293	16.58%
非西部地区生源	1 474	83.42%

2.1.3　生源结构与质量

表 2 - 4　2018 年考分高于当地本科录取分数线的新生统计

	人数(其中高于二本的人数)	占报到新生的比例[①]
高于当地本科线	121(29)	6.22%(1.49%)
低于当地本科线	1 825	93.78%

图 2 - 1
2018 级新生男女人数

2018 级新生,男女生比例约为 2 : 3,女生占比有所增加。

2018 级新生分别来自 18 个民族,少数民族学生共 117 人。少数民族学生中人数最多的是维吾尔族 22 人,其次是回族 20 人。

在系部生源占比中,印刷包装工程系稳居榜首,其次是出版与传播系和印刷设备工程系。

---

①　按实际录取新生人数计算,有三本批次的省份以三本线计算人数,已取消三本批次的省份以二本线计算人数,不包括全国所有艺术类考生。

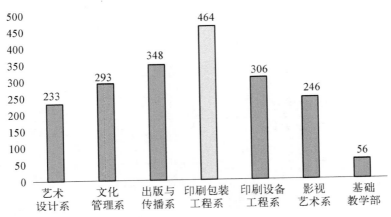

图 2 - 2　系部生源

2.1.4　新生入学教育

入学教育是大学生涯的第一课,是新生尽快了解大学、适应大学学习和生活、树立新的奋斗目标的重要一环。为帮助新生尽快适应大学的学习和生活,顺利、平稳有效地实现从中学到大学的转变,学校对 2018 级新生开展了

图 2 - 3　党委书记顾春华给新生上思政第一课

内容丰富、形式多样的入学教育。入学教育的主要内容包括:第一次主题班会、博物馆参观、专题教育、心理讲座等多项内容。

表 2 - 5　2018 年新生入学教育工作主要内容和安排

序　号	内　　　容	学时安排	授 课 方 式
1	军事理论与训练	20	课堂授课和训练
2	专业教育	9	专题讲座
3	普法防骗教育讲座	3	专题讲座
4	"十九大"精神宣讲	3	专题讲座
5	新生入学思政第一课	3	专题讲座

续　表

序　号	内　　　容	学时安排	授课方式
6	博物馆参观	3	参观
7	"印迹中国"课程	3	专题教育
8	心理健康教育	3	专题讲座
9	国防教育讲座	3	专题讲座
10	金融安全知识讲座	3	专题讲座
11	学生安全教育讲座	2	专题讲座
12	技能成就梦想专题讲座	3	专题讲座

2.2　在校学生规模与结构

2.2.1　学生数量

2017—2018 学年,全校共有全日制普通高职学历教育在校生 5 551 人。其中工科类[①]、文科类[②]、艺术类[③]专业(方向)学生数占全日制在校生总数的比例分别为 47.43%、32.28%、20.28%。

2.2.2　学生资助

2017—2018 学年,全校学生共有 6 872 人次获得各类奖学金、助学金资助,金额共计人民币 1 017.01

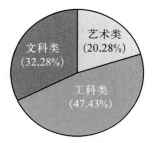

图 2 - 4　2017—2018 学年全日制普通高职学历教育在校学生规模及专业构成

万元。其中,政府资助 302.09 万元(包括国家奖学金、上海市奖学金、励志奖学金、国家助学金等),占资助总额的 29.65%;学校自设各类奖助学金共 201.49 万元,占

---

① 工科类专业(方向,15 个):包装策划与设计、印刷媒体技术、数字图文信息技术、数字图文信息技术(中美合作)、数字印刷技术、印刷媒体技术(印刷包装管理)、图文信息处理、包装工程技术、机电一体化技术、计算机信息管理、数字媒体设备管理、印刷设备应用技术、印刷设备应用技术(印刷商务)、影视多媒体技术、印刷媒体技术(中高职贯通)。

② 文科类专业(方向,12 个):出版商务、出版与电脑编辑技术、出版与电脑编辑技术(网络编辑)、数字出版、会展策划与管理、广告设计与制作、会计、文化市场经营管理、出版商务(文化媒介与版权经纪,中法合作)、广告设计与制作(影视广告)、广告设计与制作(中美合作)、商务英语。

③ 艺术类专业(方向,16 个):艺术设计(艺术经纪)、艺术设计(艺术经纪,中法合作)、艺术设计(印刷美术设计)、数字媒体艺术设计、视觉传播设计与制作、环境艺术设计、影视动画、展示艺术设计、室内艺术设计、影视编导、数字媒体艺术设计(多媒体设计与制作)、戏剧影视表演、广播影视节目制作、广播影视节目制作(中法合作)、影视动画(中法合作)、艺术设计(印刷美术设计,中高贯通)。

资助总额的 19.77%;学生申请助学贷款 284.68 万元,占资助总额的 27.94%;社会、企业设立的各类奖助学金和资助(包括小森奖学金、中华助学金、中华慈善助学金、新疆喀什助学金)共 10.9 万元,占资助总额的 1.07%。同时,海外游学各类奖学金 219.85 万元,占资助总额的 21.57%。人均资助金额约为 1 482.84 元。

表 2 - 6　2017—2018 学年学生资助情况一览表

资 助 类 别	资助金额 (万元)	占资助总额 的比例 (%)	资助 学生数 (人次)	占资助学生 总数的比例 (%)	人均 资助金额 (元)
政府资助类	302.09	29.65	1 699	24.72	1 778.05
学校自设类	201.49	19.77	4 483	65.24	449.45
社会、企业资助类	10.90	1.07	47	0.68	2 319.15
海外游学类	219.85	21.57	237	3.45	9 276.37
学生申请助学贷款	284.68	27.94	406	5.91	7 011.82
合　计	1 017.01	100.00	6 872	100.00	1 482.84

2.3　毕业生就业基本情况

2.3.1　毕业生的规模和结构

上海出版印刷高等专科学校 2018 届毕业生共 2 078 人。其中,男生 932 人,占毕业生总人数的 44.85%;女生 1 146 人,占毕业生总人数的 55.15%,男女性别比为 0.81 : 1,女生比例偏高;上海市外生源为主,共 1 242 人,占比为 59.77%。

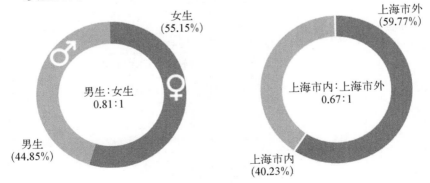

图 2 - 5　2018 届毕业生男女比例(左图)及上海市内外生源比例(右图)

表 2-7　2018 届毕业生男女生及上海市内外生源分布

类　别	男　生	女　生	上海市内生源	上海市外生源
人　数	932	1 146	836	1 242
占　比	44.85％	55.15％	40.23％	59.77％

数据来源:上海市高校就业综合服务和管理平台。

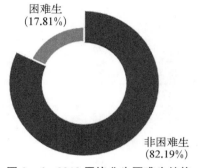

图 2-6　2018 届毕业生困难生结构

数据来源:上海市高校就业综合服务和管理平台。

困难生结构:2018 届毕业生中,困难生 370 人,占毕业生总人数的17.81％;非困难生 1 708 人,占毕业生总人数的82.19％。

系/专业毕业生的分布:学校 2018届毕业生共分布在 6 个系 37 个专业(方向)。其中,印刷包装工程系、出版与传播系、印刷设备工程系的毕业生人数位居前三,人数占比分别为 32.24％、19.25％ 和14.58％。

表 2-8　2018 届毕业生系别及专业分布

系	人数	比例(％)	专　业	人数	比例(％)
印刷包装工程系	670	32.24	包装技术与设计	104	5.00
			印刷技术	103	4.96
			印刷图文信息处理(数字媒体制作)	79	3.80
			印刷图文信息处理(中美合作)	72	3.46
			印刷技术(印刷包装管理)	70	3.37
			印刷图文信息处理(数字印前技术)	69	3.32
			印刷图文信息处理(印刷媒体设计)	68	3.27
			数字印刷技术	67	3.22
			印刷媒体技术(中高职贯通培养)	38	1.83
出版与传播系	400	19.25	出版与发行(出版商务)	92	4.43
			广告设计与制作	74	3.56

续　表

系	人数	比例 （％）	专　　业	人数	比例 （％）
出版与传播系	400	19.25	数字出版	69	3.32
			会展策划与管理	65	3.13
			出版与电脑编辑技术	65	3.13
			出版与电脑编辑技术（网络编辑）	35	1.68
印刷设备 工程系	303	14.58	计算机信息管理	72	3.46
			机电一体化技术	65	3.13
			印刷设备及工艺	64	3.08
			数字媒体设备管理	64	3.08
			印刷设备及工艺（印刷商务）	38	1.83
艺术设计系	259	12.46	艺术设计（印刷美术设计）	82	3.95
			影视动画	47	2.26
			装饰艺术设计	45	2.17
			装潢艺术设计	44	2.12
			电脑艺术设计	41	1.97
文化管理系	239	11.50	会计	70	3.37
			文化市场经营与管理	65	3.13
			出版与发行（文化媒介与版权经纪，中法合作）	37	1.78
			艺术设计（艺术经纪，中法合作）	34	1.64
			艺术设计（艺术经纪）	33	1.59
影视艺术系	207	9.96	多媒体设计与制作	46	2.21
			影视多媒体技术	40	1.92
			影视制作	40	1.92
			影视广告	36	1.73
			影视编导	30	1.44
			影视表演	8	0.38
			广告设计与制作（影视广告）	7	0.34

注：因四舍五入保留两位小数，各分项占比之和可能存在±0.01％的误差。
数据来源：上海市高校就业综合服务和管理平台。

2.3.2　就业率及毕业去向

就业率是反映大学生就业情况和社会对学校毕业生需求程度的重要指标和参考依据。截止到 2018 年 8 月 25 日，学校 2018 届毕业生就业率为 99.04%，基本实现充分就业。从具体毕业去向来看，"签就业协议形式就业"为毕业生主要去向选择，占比为 83.59%；"升学"次之，占比为 8.52%。

表 2 - 9　2018 届毕业生毕业去向分布表

毕　业　去　向	人　数	比例（%）	就业率（%）
签就业协议形式就业	1 724	82.96	
升　学	177	8.52	
签劳动合同形式就业	108	5.20	99.04
出国、出境	36	1.73	
自主创业	13	0.63	
未　就　业	20	0.96	—

注：就业率＝（签就业协议形式就业人数＋升学人数＋签劳动合同形式就业人数＋出国、出境人数）÷毕业生总人数×100.00%。

数据来源：上海市高校就业综合服务和管理平台。

2018 届毕业生分布在 6 个系，各系就业率均在 97.00% 以上。其中影视艺术系和印刷设备工程系毕业生的就业率最高，达到 100.00%；其次为印刷包装工程系（99.25%）和艺术设计系（99.23%）。

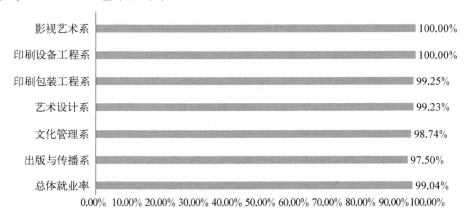

图 2 - 7　2018 届各系毕业生就业率

数据来源：上海市高校就业综合服务和管理平台。

学校 2018 届毕业生分布在 37 个专业（方向）；各专业就业率均在 91.00% 以上。其中，艺术设计（印刷美术设计）、计算机信息管理、印刷图文信息处理（中美合作）等 24 个专业的就业率均达到 100%。

表 2 - 10　2018 届各专业毕业生就业率

专　　业	毕业人数	就业人数	就业率（%）
艺术设计（印刷美术设计）	82	82	100.00
计算机信息管理	72	72	100.00
印刷图文信息处理（中美合作）	72	72	100.00
印刷技术（印刷包装管理）	70	70	100.00
会计	70	70	100.00
数字出版	69	69	100.00
印刷图文信息处理（印刷媒体设计）	68	68	100.00
机电一体化技术	65	65	100.00
会展策划与管理	65	65	100.00
数字媒体设备管理	64	64	100.00
印刷设备及工艺	64	64	100.00
多媒体设计与制作	46	46	100.00
装潢艺术设计	44	44	100.00
电脑艺术设计	41	41	100.00
影视制作	40	40	100.00
影视多媒体技术	40	40	100.00
印刷设备及工艺（印刷商务）	38	38	100.00
印刷媒体技术（中高职贯通培养）	38	38	100.00
出版与发行（文化媒介与版权经纪，中法合作）	37	37	100.00
影视广告	36	36	100.00
艺术设计（艺术经纪，中法合作）	34	34	100.00
影视编导	30	30	100.00
影视表演	8	8	100.00

专　　　业	毕业人数	就业人数	就业率（%）
广告设计与制作（影视广告）	7	7	100.00
包装技术与设计	104	103	99.04
印刷技术	103	102	99.03
出版与发行（出版商务）	92	91	98.91
印刷图文信息处理（数字媒体制作）	79	78	98.73
广告设计与制作	74	73	98.65
印刷图文信息处理（数字印前技术）	69	68	98.55
数字印刷技术	67	66	98.51
影视动画	47	46	97.87
装饰艺术设计	45	44	97.78
艺术设计（艺术经纪）	33	32	96.97
文化市场经营与管理	65	63	96.92
出版与电脑编辑技术	65	60	92.31
出版与电脑编辑技术（网络编辑）	35	32	91.43

数据来源：上海市高校就业综合服务和管理平台。

不同性别毕业生就业率及就业去向：女生就业率（99.04%）与男生就业率（99.03%）基本持平；从去向构成来看，男生"单位就业"占比高于女生 2.24%，而女生"升学""出国（境）"占比分别比男生高 1.83%、0.42%。

表 2-11　2018届不同性别毕业生毕业去向及就业率

毕业去向	男		女	
	人　数	占比（%）	人　数	占比（%）
单位就业	839	90.02	1 006	87.78
升　学	70	7.51	107	9.34
出国（境）	14	1.50	22	1.92
未就业	9	0.97	11	0.96
就业率（%）	99.03		99.04	

注：单位就业包括签就业协议形式就业、签劳动合同形式就业。
数据来源：上海市高校就业综合服务和管理平台。

　　困难生类别毕业生就业率及就业去向：非困难生的就业率(99.06%)比困难生的就业率(98.92%)高0.14个百分点。其中，非困难生"单位就业"占比低于困难生4.10%，而"升学""出国(境)"占比分别比困难生高2.80%和1.45%。

表2-12　2018届不同困难生类别毕业生的毕业去向及就业率

毕业去向	非困难生		困难生	
	人　数	占比(%)	人　数	占比(%)
单位就业	1 504	88.06	341	92.16
升　学	154	9.02	23	6.22
出国(境)	34	1.99	2	0.54
未就业	16	0.94	4	1.08
就业率(%)	99.06		98.92	

注：单位就业包括签就业协议形式就业、签劳动合同形式就业。
数据来源：上海市高校就业综合服务和管理平台。

　　未就业分析：学校2018届未就业毕业生共20人(占比0.96%)；进一步调查其未就业的原因，主要为"正在选择就业单位中"(32.28%)，其次为"暂时不想就业"(21.75%)。

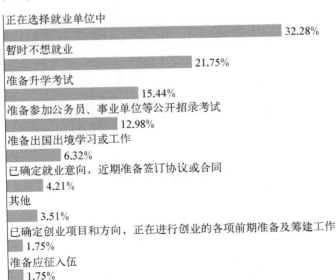

正在选择就业单位中　32.28%
暂时不想就业　21.75%
准备升学考试　15.44%
准备参加公务员、事业单位等公开招录考试　12.98%
准备出国出境学习或工作　6.32%
已确定就业意向，近期准备签订协议或合同　4.21%
其他　3.51%
已确定创业项目和方向，正在进行创业的各项前期准备及筹建工作　1.75%
准备应征入伍　1.75%

图2-8　未就业毕业生去向分布
数据来源：第三方机构新锦成2018届毕业生就业与培养质量调查。

2.3.3 就业流向①

就业区域分布：学校 2018 届毕业生主要选择在上海市内就业（80.96%），服务地方经济发展；市外就业人数较多的地区为浙江省（3.46%）和江苏省（2.72%）。

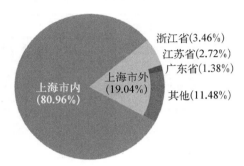

图 2 - 9　2018 届毕业生就业地区分布

数据来源：上海市高校就业综合服务和管理平台。

生源地与就业地域交叉分析：上海市内生源中，98.87%选择留在本市（上海市）就业；66.87%的上海市外生源也优先考虑在上海市就业，19.56%的上海市外生源回生源地就业。

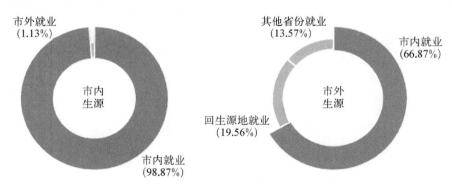

图 2 - 10　市内、市外生源毕业生就业地区分布

数据来源：上海市高校就业综合服务和管理平台。

就业行业分布：2018 届毕业生就业行业主要集中在"制造业"（22.38%）、"文化、体育和娱乐业"（15.34%）及"居民服务、修理和其他服务业"（14.20%）；这一行业流向与学校专业设置及人才培养定位相符合。

———————

① 针对毕业去向为：签约就业和合同就业的毕业生进一步统计分析其就业地区、就业单位、就业行业及就业职业分布。

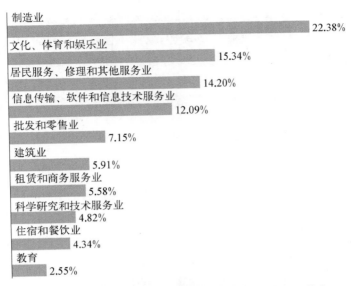

图 2-11 2018 届毕业生就业量最大的前 10 个行业分布

数据来源：上海市高校就业综合服务和管理平台。

就业职业分布：毕业生所从事的职业主要为"商业和服务业人员"，占比为 12.06%；其次为"办事人员和有关人员"（11.14%）。

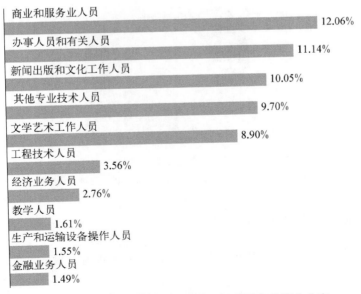

图 2-12 2018 届毕业生就业量最大的前十种职业分布

数据来源：上海市高校就业综合服务和管理平台。

就业单位分布：学校 2018 届毕业生主要流向单位类型为"其他企业"，占比达到 89.97%；其次为"三资企业"(5.42%)；就业单位规模主要集中在 50 人及以下(39.32%)，其次是 51—100 人(25.28%)和 101—200 人(9.87%)。

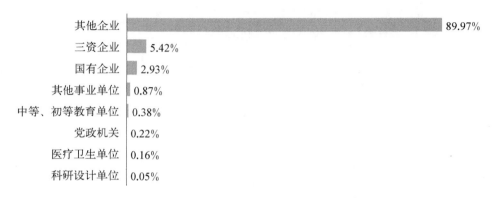

图 2‑13　2018 届毕业生就业单位性质分布

注：其他企业指除国有企业和三资企业之外的所有企业。
数据来源：上海市高校就业综合服务和管理平台。

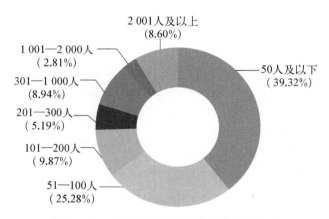

图 2‑14　2018 届毕业生就业单位规模分布

数据来源：第三方机构新锦成 2018 届毕业生就业与培养质量调查。

2.3.4　毕业生对就业服务的评价

学校 2018 届毕业生对学校各项就业指导服务的满意度①均在 92.00% 以

---

① 注：满意度为选择"很满意""比较满意"和"一般"的人数占此题总人数的比例。
数据来源：第三方机构新锦成 2018 届毕业生就业与培养质量调查。

上；其中对"职业咨询与辅导"（98.68％）、"生涯规划就业指导课"（97.61％）、"校园招聘会宣讲会"（97.29％）的满意度相对较高。

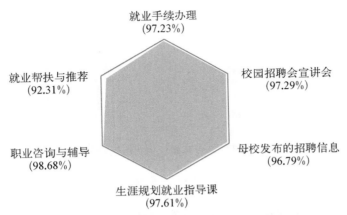

图 2-15　2018 届毕业生对学校就业指导服务的评价

2018 届毕业生对母校的满意度①为 94.25％，总体满意度较高。其中，选择"很满意"的占比为 21.09％，"比较满意"的占比为 43.75％，可见 2018 届毕业生对在母校所学知识及能力水平的满足工作需求的程度、校风学风等方面均比较认同。

很满意（21.09％）
比较满意（43.75％）
一般（29.41％）
比较不满意（2.88％）
很不满意（2.88％）

图 2-16　2018 届毕业生对母校的满意度

2.3.5　就业质量相关分析

从"学生"和"用人单位"视角综合评价高校毕业生的就业质量，可以较全面地了解毕业生当前的就业现状及其竞争优劣势。其中，毕业生对自身就业质量评价指标包括薪酬情况、目前工作与所学专业的相关情况、对目前工作的满意情况和目前工作与自身职业期待的吻合情况。用人单位对毕业生的评价指标包括用人单位对毕业生工作表现的满意度评价和对毕业生能力优势及不足的评价。相关统计分析结果如下所示。

总体薪酬水平：学校 2018 届毕业生税前月均收入为 4 192.86 元；薪酬区间主要集中在 3 501—5 000 元（49.28％），其次为 2 001—3 500 元（32.49％）。

---

① 注：满意度评价维度包括"很满意""比较满意""一般""比较不满意""很不满意"，满意度为选择"很满意""比较满意"和"一般"的人数占"此题总人数"的比例。

数据来源：第三方机构新锦成 2018 届毕业生就业与培养质量调查。

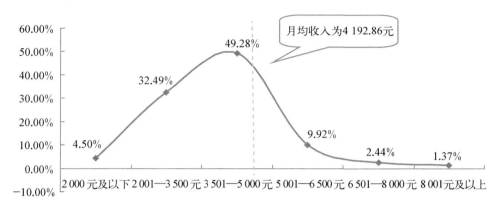

图 2‑17 2018 届毕业生薪酬区间分布

注：薪酬包括能折算为现金的工资、福利等。

数据来源：第三方机构新锦成 2018 届毕业生就业与培养质量调查。

主要就业地区的薪酬水平：在河北省就业的毕业生当前月均收入水平相对较高，为 5 140.43 元；而在河南省就业的毕业生当前月均收入水平相对较低，为 3 246.15 元。

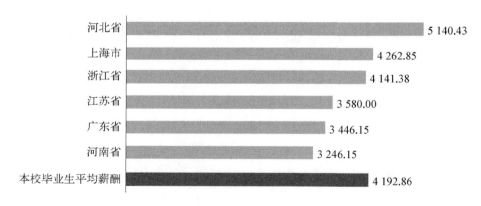

图 2‑18 2018 届毕业生主要就业地区月均收入水平（单位：元）

注：主要就业地区指样本人数≥13 人的就业地区。

数据来源：第三方机构新锦成 2018 届毕业生就业与培养质量调查。

主要就业单位的薪酬水平：在"党政机关"就业的毕业生薪酬优势较高，月均收入为 4 468.59 元；而在"中初教育单位"就业的毕业生薪酬优势相对较低，月均收入为 4 065.22 元。

主要就业行业的薪酬水平：选择在"采矿业"就业的毕业生薪酬优势较高，月均收入为 4 658.33 元；而选择在"居民服务、修理和其他服务业"就业的毕业生月均收入水平相对较低，为 3 763.87 元。

图 2-19　2018 届毕业生主要就业单位月均收入水平(单位：元)

注：1. 主要就业单位是指样本人数≥20 人的就业单位；
　　2. 其他企业指除国有企业和三资企业之外的所有企业。
数据来源：第三方机构新锦成 2018 届毕业生就业与培养质量调查。

采矿业	4 658.33
房地产业	4 647.50
金融业	4 504.55
教育	4 491.67
租赁和商务服务业	4 425.45
文化、体育和娱乐业	4 271.82
建筑业	4 235.71
信息传输、软件和信息技术服务业	4 185.50
交通运输、仓储和邮政业	4 147.92
住宿和餐饮业	4 129.21
科学研究和技术服务业	4 040.00
批发和零售业	4 010.81
制造业	3 989.61
居民服务、修理和其他服务业	3 763.87
本校毕业生平均薪酬	4 192.86

图 2-20　2018 届毕业生主要就业行业月均收入水平(单位：元)

注：主要就业行业指样本人数≥20 人的就业行业。
数据来源：第三方机构新锦成 2018 届毕业生就业与培养质量调查。

　　总体专业相关度：82.41％的毕业生认为目前就职岗位与所学专业相关，相关度均值为 3.57 分，处于一般水平。

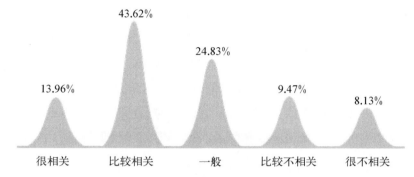

图 2‐21　2018 届毕业生专业相关度分布

注：专业相关度评价维度包括"很相关""比较相关""一般""比较不相关""很不相关"；其中，相关度为选择"很相关""比较相关"和"一般"的人数占"此题总人数"的比例。

数据来源：第三方机构新锦成 2018 届毕业生就业与培养质量调查。

　　各主要专业的专业相关度：印刷设备及工艺(印刷商务)专业的毕业生工作的专业相关度相对较高，均值为 4.00 分，处于"比较相关"水平；而出版与电脑编辑技术专业的毕业生工作的专业相关度相对较低，均值为 2.71 分，偏向"一般"水平。

表 2‐13　2018 届各主要专业毕业生专业相关度情况分布(％)

专　　业	很相关	比较相关	一般	比较不相关	很不相关	相关度
印刷设备及工艺(印刷商务)	44.83	13.79	37.93	3.45	0.00	96.55
影视多媒体技术	13.04	78.26	4.35	0.00	4.35	95.65
影视编导	15.79	73.68	0.00	5.26	5.26	89.47
影视广告	19.05	57.14	14.29	9.52	0.00	90.48
艺术设计(印刷美术设计)	22.73	40.91	34.09	2.27	0.00	97.73
装饰艺术设计	20.00	48.00	28.00	4.00	0.00	96.00
会计	36.59	31.71	17.07	7.32	7.32	85.37
影视制作	17.86	60.71	14.29	0.00	7.14	92.86
多媒体设计与制作	4.17	75.00	12.50	4.17	4.17	91.67
电脑艺术设计	19.05	47.62	19.05	4.76	9.52	85.72

续　表

专　业	很相关	比较相关	一般	比较不相关	很不相关	相关度
装潢艺术设计	22.22	33.33	27.78	11.11	5.56	83.33
出版与发行（文化媒介与版权经纪，中法合作）	6.67	46.67	40.00	0.00	6.67	93.34
广告设计与制作	19.15	36.17	25.53	10.64	8.51	80.85
印刷图文信息处理（印刷媒体设计）	22.00	30.00	26.00	14.00	8.00	78.00
印刷图文信息处理（数字媒体制作）	14.89	36.17	31.91	10.64	6.38	82.97
数字出版	10.26	43.59	25.64	15.38	5.13	79.49
出版与电脑编辑技术（网络编辑）	33.33	16.67	16.67	16.67	16.67	66.67
艺术设计（艺术经纪）	5.88	47.06	17.65	29.41	0.00	70.59
机电一体化技术	25.00	20.00	25.00	15.00	15.00	70.00
数字印刷技术	9.52	26.19	42.86	9.52	11.90	78.57
会展策划与管理	9.09	34.09	27.27	18.18	11.36	70.45
文化市场经营与管理	6.45	32.26	35.48	16.13	9.68	74.19
印刷媒体技术（中高职贯通培养）	4.17	37.50	25.00	29.17	4.17	66.67
印刷图文信息处理（数字印前技术）	7.14	35.71	23.81	21.43	11.90	66.66
印刷图文信息处理（中美合作）	9.30	34.88	25.58	9.30	20.93	69.76
印刷技术（印刷包装管理）	15.91	27.27	15.91	25.00	15.91	59.09
印刷技术	10.61	31.82	18.18	24.24	15.15	60.61
计算机信息管理	8.33	29.17	29.17	16.67	16.67	66.67
数字媒体设备管理	2.50	25.00	40.00	20.00	12.50	67.50
艺术设计（艺术经纪，中法合作）	13.33	20.00	26.67	13.33	26.67	60.00
出版与发行（出版商务）	6.25	25.00	28.12	23.44	17.19	59.37
包装技术与设计	6.67	30.00	20.00	20.00	23.33	56.67
印刷设备及工艺	5.41	32.43	18.92	16.22	27.03	56.76
出版与电脑编辑技术	9.68	12.90	32.26	29.03	16.13	54.84

注：影视动画等专业样本量较小，不纳入此处报告的分析范围。

数据来源：第三方机构新锦成2018届毕业生就业与培养质量调查。

从事与专业不相关工作的原因：主要为"不想找相关工作，因为个人兴趣"（50.50％）和"想找相关工作，但是机会太少"（17.73％）。

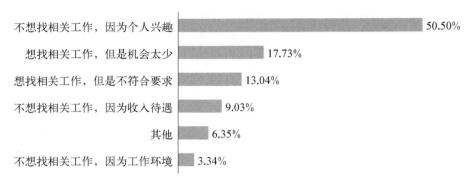

图 2 - 22　2018 届毕业生从事与专业不相关工作的原因

数据来源：第三方机构新锦成 2018 届毕业生就业与培养质量调查。

工作总体及各方面的满意度：学校 2018 届毕业生对目前工作总的满意度均值为 3.63 分，偏向"比较满意"水平。其中对工作内容满意度均值最高，为 3.68 分，偏向"比较满意"水平。从各方面均值来看，均处于 3.43 分及以上，介于"一般"和"比较满意"水平之间；可见毕业生对初入职场的岗位和工作内容等方面均比较认同。

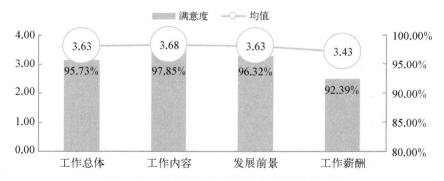

图 2 - 23　2018 届毕业生对工作满意度的评价

注：评价维度包括"很满意""比较满意""一般""比较不满意""很不满意"；其中，满意度为选择"很满意""比较满意"和"一般"的人数占"此题总人数"的比例。另外针对毕业生的反馈分别赋予 1—5 分（"很满意"5 分，"很不满意"1 分），计算其均值。

数据来源：第三方机构新锦成 2018 届毕业生就业与培养质量调查。

总体职业期待吻合度：2018 届毕业生目前所从事的工作与自身职业期待的吻合度为 94.69％，其中"很符合"的占比为 8.30％，"比较符合"的占比为 44.18％，吻合度均值为 3.54 分(5 分制),偏向"比较符合"水平,可见目前已落实的工作整体比较符合自身的就业期望。

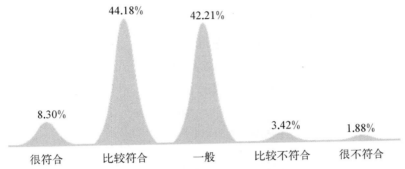

图 2 - 24　2018 届毕业生职业期待吻合情况分布

注:职业期待吻合度评价维度包括"很符合""比较符合""一般""比较不符合""很不符合";其中,吻合度为选择"很符合""比较符合"和"一般"的人数占"此题总人数"的比例。

数据来源:第三方机构新锦成 2018 届毕业生就业与培养质量调查。

2.3.6　对人才培养的影响

　　将学校毕业生质量测量主体放到用人单位身上,能够比较真实地反映毕业生的质量,进而更加全面地反映学校人才培养过程中存在的问题。因此,建立毕业生质量外部测评体系,对于学校人才培养模式的改进和完善具有积极意义。

　　用人单位对毕业生的满意度:2018年用人单位对学校毕业生的工作表现感到满意,其中评价为"满意"的占比相对较高,为 55.93%。满意度均值为 4.03(5分制),处于"比较满意"水平。

　　用人单位对毕业生就业能力的评价:与其他高校毕业生相比,用人单位认为学校 2018 届毕业生"适应能力"较强,所占比例为 65.52%;其次是"学习能力"(55.17%)及"专业技能和能力"(41.38%)。

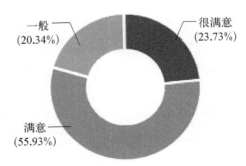

图 2 - 25　用人单位对 2018 届毕业生的满意度

数据来源:第三方机构新锦成 2018 届毕业生用人单位调查。

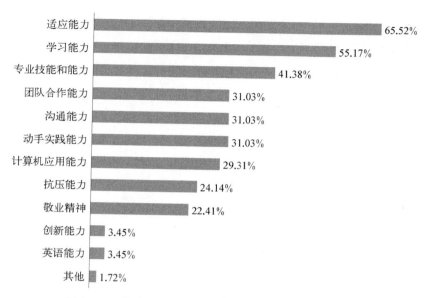

图 2‑26　用人单位对 2018 届毕业生就业竞争力的评价

注：此题为多选题，因此选项的百分比之和不是 100%。

数据来源：第三方机构新锦成 2018 届毕业生用人单位调查。

　　用人单位对毕业生的需求分析：用人单位根据自身需求，对毕业生的专业和岗位进行排序（第一位、第二位、第三位），分别赋予 1—3 分（"第三位"1 分，"第一位"3 分），计算其重要性得分（重要性得分＝被排在"第一位"的次数×3分＋被排在"第二位"的次数×2 分＋被排在"第三位"的次数×1 分）；此外，请用人单位对招聘时看重的毕业生前三项素质和前三项能力进行排序，重要性得分计算方式同上。最终通过计算"重要性占比"来反映用人单位的人才需求和招聘标准。重要性占比＝（重要性得分/各项重要性得分总和）×100%。

　　用人单位招聘专业需求分布：对用人单位的调研反馈中可看出，用人单位对"印刷技术类"和"设计类"专业的需求最高，其次为"广告制作传播类"。

表 2‑14　用人单位招聘专业的需求及重要性分布

专　　　业	第一位	第二位	第三位	重要性占比（%）
—	21	19	14	—
印刷技术类	4	2	—	13.91
设计类	2	4	2	13.91
广告制作传播类	4	—		10.43

续　表

专　业	第一位	第二位	第三位	重要性占比(%)
计算机类	1	4	—	9.57
图文、数字处理类	1	2	3	8.70
策划管理类	2	1	1	7.83
多媒体技术类	2		2	6.96
包装技术类	1	2	—	6.09
影视编导类	—	2	2	5.22
出版发行类	1	1		4.35
机电技术类	1	—	1	3.48
文化市场经营管理类	1		1	3.48
会计类	1		1	3.48
表演类	—	1		1.74
编辑技术类	—	—	1	0.87

注：此题为多选题,限选3项,且要求对选择项进行排序;若用人单位只对其中一个或两个专业大类毕业生有需求,则无须对其余专业大类进行排序,如某一用人单位只对机械类专业毕业生有需求,则其答题时第一位、第二位、第三位分别对应"机械类""空""空",统计时则在"机械类"下计入一次提及次数。

数据来源：第三方机构新锦成2018届毕业生用人单位调查。

用人单位招聘岗位需求分布：用人单位对"技术人员"的需求最高,其次为"营销人员"和"管理人员"。

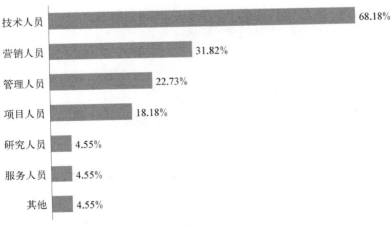

图 2 - 27　用人单位招聘岗位的需求分布

注：此题为多选题,因此选项的百分比之和不是100%。

数据来源：第三方机构新锦成2018届毕业生用人单位调查。

用人单位招聘对工作能力的需求分布：对用人单位的调研反馈中可看出，用人单位对"专业知识和能力"的需求最高，且从"专业知识和能力"需求的重要性占比来看，显著高于对其他能力的需求。

表 2 - 15   用人单位招聘对工作能力的需求及重要性分布

工 作 能 力	第一位	第二位	第三位	重要性占比（％）
—	22	19	16	—
专业知识和能力	10	4	3	29.82
团队合作	1	7	5	22.81
学习能力	7	3	2	21.05
创新能力	3	4	4	19.30
诚信坚韧	—	1	2	5.26
健康仪表	1	—	—	1.75

注：此题为多选题，限选 3 项，且要求对选择项进行排序；若用人单位只对其中一项或两项能力有需求，则无须对其余能力进行排序，如某一用人单位只对学习能力有需求，则其答题时第一位、第二位、第三位分别对应"学习能力""空""空"，统计时则在"学习能力"下计入一次提及次数。

数据来源：第三方机构新锦成 2018 届毕业生用人单位调查。

2.4   创新、创业与创意

2.4.1   创新、创业与创意类课程设置

学校是一所以"工文艺融汇、编印发贯通"为办学特色的出版印刷传媒类高校。各专业在确定课程体系时，将创新、创业、创意等内容作为重要元素融入各模块中。2018 年，学校共开设了创新、创业和创意类课程 83 门，有效满足了学生对相关知识的需求。

表 2 - 16   学校开设的创新、创业与创意类相关课程设置一览表

序号	课 程 名 称	学分	总学时	课程性质
1	编排创意设计	5.0	80	专业必修课
2	编排创意设计项目实训	4.0	64	专业必修课

序号	课　程　名　称	学分	总学时	课程性质
3	编排创意设计项目实训 A	4.0	64	专业必修课
4	插画创意设计	4.0	64	专业必修课
5	插画创意设计项目实训	4.0	64	专业必修课
6	创新、发明与专利实务（慕课）	2.0	32	公共选修课
7	创新创业教育	2.0	32	公共选修课
8	创新创业课程	2.0	40	专业必修课
9	创新创业理论	1.0	16	公共必修课
10	创新创业实践	2.0	40	公共必修课
11	创新中国	2.0	32	公共选修课
12	创新中国（慕课）	2.0	32	公共选修课
13	创业创新领导力	2.0	32	公共选修课
14	创业创新领导力（慕课）	2.0	32	公共选修课
15	创业管理实战（慕课）	2.0	32	公共选修课
16	创业人物及影视赏析	2.0	32	专业选修课
17	创意摄影	2.0	32	专业必修课
18	创意摄影项目实训	3.0	48	专业必修课
19	创意摄影项目实训 A	3.0	48	专业必修课
20	创意摄影项目实训 D	3.0	48	专业必修课
21	大学生创业理论与实务	2.0	32	公共选修课
22	大学生就业与创业	2.0	48	公共选修课
23	大学生就业与创业指导（慕课）	2.0	32	公共选修课
24	电视新闻专题片创作	1.0	16	专业必修课
25	电视专题片创作	2.0	32	专业必修课
26	动画创作	5.0	80	专业必修课
27	动画广告创作项目实训	5.0	80	专业必修课
28	多媒体作品创作	4.0	64	专业必修课
29	多媒体作品文案创意	2.0	32	专业必修课

续　表

序号	课　程　名　称	学分	总学时	课　程　性　质
30	二维动画创作	5.0	80	专业必修课
31	二维动画创作项目实训	5.0	80	专业必修课
32	广告策划与创意	2.0	32	专业选修课
33	广告创意	2.0	32	专业选修课
34	广告创意设计	3.0	48	专业必修课
35	广告摄影创意与制作	2.0	32	专业必修课
36	广告文案创意	4.0	64	专业必修课
37	会展创业	2.0	32	专业选修课
38	会展广告创意	2.0	32	专业必修课
39	机械创意实训	2.0	40	专业选修课
40	机械创意实验	2.0	32	专业选修课
41	纪录片创作	2.0	32	专业选修课
42	脚本编创	2.0	32	专业必修课
43	脚本编创 B	2.0	32	专业选修课
44	脚本创作	4.0	64	专业必修课
45	快速创意表现	2.0	32	专业选修课
46	漫画创作	3.0	48	专业必修课
47	三维动画创作	6.0	96	专业必修课
48	三维动画创作项目实训	5.0	80	专业必修课
49	商业创意插画表现	2.0	32	专业选修课
50	诗词创作(慕课)	2.0	32	公共选修课
51	实验动画创作	5.0	80	专业必修课
52	视觉传达与创意	2.0	32	专业必修课
53	视觉传达与创意设计	4.0	64	专业必修课
54	书店创业与经营	2.0	32	专业选修课
55	书业创业与管理	2.0	32	专业选修课
56	书业创业与实践	2.0	32	专业选修课

序号	课　程　名　称	学分	总学时	课程性质
57	数字创意设计	4.0	64	专业必修课
58	数字媒体脚本编创	1.0	16	专业必修课
59	图形创意设计	4.0	64	专业必修课
60	图形创意设计项目实训	3.0	48	专业必修课
61	图形创意设计项目实训 A	3.0	48	专业必修课
62	图形制作与创意	2.0	32	公共必修课
63	图形制作与创意 I	2.0	32	专业必修课
64	图形制作与创意 II	1.0	16	专业必修课
65	网络创业理论与实践（慕课）	2.0	32	公共选修课
66	微电影创作	4.0	64	专业必修课
67	微视频创意与制作	2.0	32	专业选修课
68	文化创意与策划	2.0	32	专业必修课
69	文化创意与策划实务	2.0	32	专业必修课
70	移动广告策划与创意	2.0	32	专业选修课
71	影视传媒文案创意	2.0	32	专业必修课
72	影视动画剧本创作	2.0	32	专业必修课
73	影视短片创作	4.0	64	专业必修课
74	创新思维训练	1.0	16	公共必修课
75	品类创新	1.0	16	公共必修课
76	微商创业指南	1.0	16	公共必修课
77	创新创业大赛赛前特训	1.0	16	公共必修课
78	商业计划书的优化	1.0	16	公共必修课
79	创业创新执行力	1.0	16	公共必修课
80	创业管理实战	1.0	16	公共必修课
81	商业计划书制作与演示	1.0	16	公共必修课
82	创业人生	1.0	16	公共必修课

案例：影视艺术系创业课程改革成效显著

　　影视艺术系始终把提高"双创"人才培养质量作为基本目标，将学生专业素养与创新创业能力培养相结合，优先扶持基于专业的"双创"实践项目。将创新创业通识课程教学、创新创业实践团队培养、创新创业项目孵化分段式推进，使创新创业通识教育和专业教学协调发展。

　　在创新创业课程设置方面，影视艺术系作为学校试点，开设 2 学分的创新创业必修课，4 学分选修课，挖掘各类专业课程的创新创业教育资源。通过课程体系与人才培养模式改革，扶持学生创业，拓展学生获取多科专业知识的渠道，鼓励师生开展跨学科研究，探索并创建分阶段实训、多学科交叉、多组合教学的"双创"育人机制。通过创新创业课程的设置，极大地鼓励了学生的创新创业热情。在第 4 届中国"互联网＋"大学生创新创业大赛上海赛区中，影视艺术系共有 58 个团队 170 余名同学进行参赛，最终 3 个团队的作品"岁月影像志""忘了创意影像工作室""沂蒙爱心图书室"分别获得了上海赛区的铜奖和优胜奖。"童书的跨界创作与创新"在上海市高职高专创新创业大赛中获得银奖。"世界名画《睡莲》VR 体验"获得 2018 年第 5 届海峡两岸大学生创新创业大赛创新项目二等奖。

　　在创新创业师资队伍建设方面，聘请成功校友、行业专家、知名企业家、创业成功者等优秀人才担任授课及指导教师，帮助学生直观了解企业运营和市场需

图 2 - 28　学校创新创业实践基地

图 2 - 29　原国家新闻出版广电总局校企合作创新实践基地

求。学校积极探索指导教师参与学生创业团队的相关机制政策,提高教师参与创产融合、双创育人工作的积极性。

2.4.2　创新创业平台

在国家大力提倡大众创业、万众创新的背景下,根据学校特色,充分发挥国家新闻出版署(原国家新闻出版广电总局)与上海市人民政府共建优势,充分利用全国新闻出版职业教育教学指导委员会秘书处单位、国家新闻出版署(原国家新闻出版广电总局)校企合作创新实践基地、上海高校实践育人创新创业基地联

图 2 - 30　数字传媒产业创新发展高峰论坛

盟秘书处单位、上海高校创业指导站、杨浦区公共实训分基地等平台资源，紧密围绕"立足专业，依托行业、创产融合"开展创新创业教育和建立行业创新创业服务平台，基本形成了创新创业教育、园区平台服务、行业创新创业成果展示交流的机制，最终以创业带动就业，同时促进专业教学与人才培养，为产业改革发展做好支撑。

在创新创业实践育人平台建设方面，建立"环版专"文化创意产业带，为创新创业建立产业对接平台，营造创新创业氛围。例如以承担国家"双创"示范基地项目——数字出版技术创新产业中心建设为基础，建立国家级数字传媒产业园，聚集行业龙头企业，逐步形成产业集聚高地，为创新创业与产业融合打下基础。

表 2 - 17　创新创业实践育人场所

序　号	名　　　　　称	面积（m²）	用　　　途
1	大学生数字传媒创新创业基地	2 500	创客空间、实验平台、服务平台
2	校企合作创新实践育人基地	2 000	校企合作创新
3	数字传媒产业（园区）街区	5 000	行业龙头企业

在创新创业工作机制建设方面，构建了"政、产、学、研、用"一体化的合作机制。与上海市教委、上海市新闻出版局、上海市就业促进中心、杨浦区政府、创业实训基地等深入合作，构建了"政、产、学、研、用"一体化的合作机制，以汇聚和利用好资源，并形成良好的协作体系，积极开展创新创业联动工作，实现"校内校外、线上线下、资源共享、人才共育"。

表 2 - 18　挂靠在学校的创新创业教育相关平台

序号	名　　　称	主管部门	开展活动	备注
1	新闻出版校企合作创新实践基地	国家新闻出版署（原国家新闻出版广电总局）	校企合作创新实践项目 11 个、建设工作室 4 个、相关服务平台 3 个	承建单位
2	国家"双创"示范基地建设项目单位（数字出版技术创新产业中心）	上海市发改委、杨浦区政府	举办数字传媒产业创新发展高峰论坛推进数字传媒街区建设	承建单位

序号	名　　称	主管部门	开展活动	备注
3	中国印刷出版行业研究中心	中国印刷及设备器材工业协会	调研汇编《上海数字传媒产业调研报告》《上海创新创业政策汇编》《上海创新创业园区、基地、孵化空间汇编》	承建单位
4	上海高校实践育人创新创业基地	上海市教育委员会	主办、承办跨市级活动29场	秘书处单位
5	上海市高校创业指导站	上海学生事务中心、上海市就业促进中心	连续两年获得经费支持,2018年度评审获得上海高校第13名,高职高专第1名	承建单位
6	"汇创空间"大学生文化创意作品孵化公共服务平台	上海高校实践育人、创新创业基地联盟	举办相关展览展示交流活动24场,新闻报道20余次	承建单位
7	大学生数字传媒创新创业基地(出版传媒产教融合创新实践平台)	上海市教委("双创"子项目、文教结合子项目)	入驻学生创业团队18个,团队承担"创业五角场""国歌展示馆"新媒体运营等项目	承建单位
8	上海童书研究中心	上海市文创办、上海市教育委员会、上海市新闻出版局	举办中欧插画展(上海、赫尔辛基)、中欧国际儿童绘本与教育论坛、承担上海国际童书展"金风车"插画展评审和布展设计工作,作品入选总局"原动力"计划4项,获得国际奖项作品4项	承建单位
9	装帧创意转化与研发平台	上海市新闻出版局、上海出版协会	与12家出版社、杂志社签订共建平台战略合作协议,合作推出正式出版物24本	承建单位
10	刘海粟艺术研究中心		举办《履痕》六学子美术作品展,陈斌校长与刘海粟之女刘蟾共同揭牌	承建单位

2.4.3　创新创业项目和获奖情况

近年来,学校积极探索创新创业人才培养模式,通过开展校企合作,打造创业平台为学校创新创业人才培养提供有利条件。同时,学校充分调动师生参与创新创业活动的积极性和主动性,培养学生创新创业意识、创新思维和团队精神,全面提高学生的创新能力和综合素质,满足多层次、复合型、应用型人才培养的要求。通过大学生创新创业活动的开展,为学生在各类创新创业竞赛中取得优异成绩奠定良好基础。同时,学校作为传媒艺术类人才培养基地,以培养学生的创意创新意识,激发学生的创意创新热情,造就一批优秀的文化创意人才为目的,学校高度重视创意型人才的培养,并推出了一系列卓有成效的举措。2018 年,学校获得国家级、市级集体奖项 9 项,教师获奖 34 人/次,学生获奖 195 人/次。基地联盟平台主办、承办、协办创新创业相关活动 29场,汇创空间举办展示交流活动 24 场,协办、参与各类创新创业活动 51场/次。

图 2-31　2018 年度创新创业各类获奖情况

表 2-19　创新创业人才培养相关活动一览表

序号	名　　称	参与人次	备　　注
1	创业培训班	175 人	选修课
2	创新创业学长课堂	1 200 人/次	讲座、活动
3	创新创业训练营	360 人/次	培训、活动
4	创业大赛	520 人/次	"互联网＋"等各类大赛
5	创业实习	41 人/次	科技园、孵化基地、负责人助理

顾春华书记与2018"互联网＋"大学生创新创业大赛
上海赛区入选团队合影

陈斌校长向中宣部印刷发行局局长、印刷协会理事长
介绍学校创新创业人才培养情况

顾凯党委副书记、创新创业学院院长牵头组织
开展"中欧国际儿童绘本与教育论坛"

学校教师向中宣部文改办主任、原总局规划发展司
司长介绍学生获奖文创作品

学校教师向上海市人社局副局长等领导介绍
学生获奖文创作品

学校教师向上海市教委及人社局领导
介绍学生专业创新情况

图 2-32　依托平台开展并参与创新创业活动

协办2018年中国印刷业创业大会
获中宣部办公厅发文通报表扬

陈斌校长介绍学校创新创业人才培养经验

成为中国印刷高等教育联盟副理事长单位

"长三角国际文化产业博览会"
展示学校文创作品，并获优秀展示奖

承办"互联网＋"大学生创新创业大赛
（上海赛区）选拔赛

联合承办2018全国高校创新创业教育
人才培养研修班

学校创新创业工作获得认可

图 2-33　跨平台开展并参与创新创业活动

案例：构建数字传媒大数据平台　提升创业教育质量

　　创新创业教育是我国建设创新型国家一系列战略举措的重要组成部分。创新创业教育作为创新办学体制机制、全面推进综合改革的重大课题，作为全面提高人才培养质量、建设一流大学的重大机遇，作为服务国家发展战略的自觉行动，学校应响应国家号召结合学校办学特色和专业优势全面加以推进。

　　在"大众创业、万众创新"的社会大背景下，提升创业质量的路径研究是理论高度与实践价值相结合的重要领域，只有准确把握创业质量的演化路径才能提出切合实际的政策建议。建立以产业大数据平台为指导的创新创业人才培养模式，立足专业对目前高校创新创业教育的多个模块进行重新审视，提出一系列切实可行的政策建议，服务于产业改革发展以促进高校创业质量的提升。

通过国家新闻出版广电总局、上海市新闻出版局发布的权威数据与互联网即时数据相结合进行整理与分析，构建产业生态、人才供给、消费体验为一体的综合性数字传媒大数据平台。以数字传媒大数据平台沉淀的产业数据为基础进行深度整合与挖掘，梳理并验证产业变革与创业选择的相关性，并进一步构建产业环境与创业选择的动态匹配模型，提出不同产业环境下高校创业者进行不同策略选择的理论框架。根据产业环境与创业选择的动态匹配模型所得到的量化结果重新对高校创业教育中师资、课程、教材、实训等模块进行系统化分析，强化高校创业教育与产业变革的关联度，提高创业教育相关政策的科学性与准确性。

上海出版印刷高等专科学校已和上海计算机软件中心签订战略合作协议，启动数字传媒大数据平台建设项目，通过国家新闻出版广电总局、上海市新闻出版局发布的权威数据整理分析，以及抓取互联网即时产生的数据，建成产业生态、人才供给、消费体验综合大数据平台，构建产业环境与创业选择的动态匹配模型，通过大数据定量分析的结果对产教融合进行重新表述，为优化创业教育的政策建议、提升学生基于行业发展动态的创业质量提供了丰富的基础性数据。

3. 教学改革与人才培养

3.1　课程建设与质量

3.1.1　课程设置

全校在2017—2018学年两学期中,面向三个年级学生共开设课程847门,每个专业(方向)平均开设课程20门。每个专业(方向)均开设7类性质的课程:

(1) 素质拓展和职业规划课程(含实践教学环节)

(2) 文化基础课程(部分含实践教学环节)

(3) 技术与应用课程(含实践教学环节)

(4) 职业技能课程(含实践教学环节)

(5) 公共平台课程(部分含实践教学环节)

(6) 全校选修课程

(7) 实践教学课程

在理论课程(A类)、理论＋实践课程(B类)和实践课程(C类)三种类型课程中,B类和C类课程的学时数分别占总学时的39.71％和22.31％。

表3-1　2017—2018学年全校课程设置情况

课　程　类　型	学时数	占总学时比例(％)
理论课程(A类)	75 148	37.98
理论＋实践课程(B类)	78 574	39.71
实践课程(C类)	44 144	22.31
合计(847门)	197 866	100

3.1.2　课程建设

在课程建设过程中,学校充分发挥互联网等现代信息技术的作用,实现"互联网＋课程"的建设思路,大力开展优质在线精品课程的建设。截至 2018 年底,全校共有 3 门国家级精品课程,2 门国家级精品资源共享课程,20 门省部级精品课程,79 门优质核心课程。

图 3－1　学校互联网＋课程建设运行情况

表 3－2　学校获得国家级和省部级精品课程情况一览表

序　号	课　程　名　称	级　　别
1	印刷概论	国家级精品课程
		国家级精品资源共享课
2	数字印前工艺	国家级精品课程
		国家级精品资源共享课
3	数字印刷	国家级精品课程
4	印刷概论	上海市精品课程
5	数字印前工艺	上海市精品课程
6	数字媒体基础	上海市精品课程
7	数字印刷	全国高职高专印刷与包装专业教学指导委员会精品课程
8	出版物流组织与管理	上海市精品课程
9	印刷过程与控制	上海市精品课程
10	印刷机结构与调节	全国高职高专印刷与包装专业教学指导委员会精品课程

续　表

序　号	课　程　名　称	级　　别
11	色彩原理与应用	上海市精品课程
12	编辑理论与实务	上海市精品课程
13	排版与输出	上海市精品课程
14	2D 动画脚本语言设计	上海市精品课程
15	印刷工艺设计	上海市精品课程
16	印刷数字工作流程	上海市精品课程
17	喷墨印刷	上海市精品课程
18	数字视频非线性编辑 （APPLE FCP 非线性编辑）	上海市精品课程
19	软包装印刷	上海市精品课程
20	多媒体制作	上海市精品课程
21	计算机图形制作	上海市精品课程
22	包装工艺与设备技术	上海市精品课程
23	灯光技术基础	上海市精品课程

案例：课堂对接展会

为了进一步加强骨干专业建设，促进产教深度融合，使展会更好地融入教学，印刷设备工程系相关教师组织相关专业学生赴上海新国际博览中心 2018 中国国际全印展进行现场授课。

展会以"开启印刷智能时代"为主题，展品范围涵盖印前软硬件、印刷设备，印后加工设备，装潢及表面整饰设备，印前、印刷、印后辅助设备及零配件，印刷纸张、油墨、版材、橡皮布、印刷耗材等。在全印展现场，学生们在教师的带领下集中了解先进的印刷设备及智能化软件的功能与使用，聆听相关的专业技术交流讲解，部分同学借此机会还找到了适合自己的实习单位。

当下，中国印刷业正加快脚步向"绿色化、数字化、智能化、融合化"发展。全印展是印刷包装业新技术、新产品和新材料交流与推广的立体化交流平台，也为学校提高教学质量提供了宝贵资源。通过课堂对接展会，拉近了学生同市场的距离,让学生提前了解职场环境,增加知识储备,为就业提前做准备。

印刷设备工程系近年来始终坚持教育教学的改革,邀请雅昌文化集团公司、上海良源包装科技有限公司等知名企业的专家来校为系部师生开展讲座、授课;组织学生参观行业龙头企业,感受行业企业文化,为实现就业零距离打下扎实基础。

图 3-2　学生在第七届中国国际全印展接受现场授课

案例:文化艺术商务管理在线课程资源平台建设项目

一、项目总体概括

文化艺术商务管理课程资源库平台是上海高等职业教育创新发展行动计划(2015—2018 年)文化市场经营管理骨干专业项目建设内容之一。平台于 2017 年 11 月启动建设,2018 年 9 月初步建成,并于 2018 年 10 月投入试运行至今。在线资源库平台目前设置有"财经法规与会计职业道德""出版企业会计实务""文化创意与策划""媒介经营与管理""新媒体设计实务"等课程。每门课程下设课程简介、课程大纲、课程评价、课程目录。其中课程目录是将课程按照章节知识点的顺序进行编排,形成知识框架的目录树,每门课的课程资源包括 PPT、习题、微课等对号入座地"附着"在知识目录框架上,方便老师教学时调用所属章节知识点的多媒体资源,也方便学生学习同步调用学习资源,结合平台的"讨论区"和"直播"功能,凸显和强化互动的教学特点,形成课上、课下"多方位、立体化"的学习效果。该平台已经预建设了手机应用 APP,在目前框架下可以生成移动端 APP,方便老师、学生使用移动设备(手机、PAD)进行教学管理、教学组织,实现课后学习、碎片化学习、移动式学习。

· 推荐课程 ·

图 3 - 3　文化艺术商务管理课程、资源库平台

二、课程网络资源库平台特色

1. 数据沉淀,打造内容优质的校内课程

该平台可记录学生的学习时间、学习地点、学习的课程、学习的内容、学习效果等全方位的学习轨迹数据,这些数据沉淀在平台后端的管理端,逐渐形成大数据,并反馈给教学管理人员和专业教师,将所教学生的学习情况形成比较立体的认知,对调整教学方式、教学手段和打造优质的校内课程提供了可靠的数据支撑。

2. 预建设移动端功能,未来可实现移动式学习、碎片化学习和信息化课堂

该平台已经预建设了手机应用 APP,在目前框架下可以生成移动端 APP,方便老师、学生使用移动端(手机、PAD)进行教学管理、教学组织和课后学习、碎片化学习、移动式学习。信息化课堂的基础是信息化教室,在移动信息时代,信息化教室不再是"机房",而是具有移动端(手机、PAD)教室,因此该平台的 APP 功能是具有前瞻性的设计。另外,在后续的迭代扩充中,将该 APP"定制化"为具有特色标识的 APP,体现专业特征和办学特色,为进一步实现"社会化大学"奠定基础。

3. 增设"直播功能",对标"教育信息化 2.0"

2018 年,教育部提出"教育信息化行动计划 2.0"的理念。该平台在建设过程中融入了该理念,增设了"直播功能"。该功能将拓展"课堂的形式",有效

地提高师生间的互动功能和效果,增加教学的可视化手段,将信息化课堂拓展到无处不在,将线上的录播课堂、语音课堂变成"随时随地"和"看得见摸得着"。

图 3-4　在线课程资源平台界面

4. 强化互动,对学生教学反馈进行追踪

为了区别于传统的课程教学平台,该资源库平台设计时突出强化了"互动"功能,用"直播"和"讨论区"的功能将"互动"这一功能体现在老师的教学、学生的学习、师生之间的互动、学生之间的互动等,从而为实现"互动式教与学"构建了平台基础。

5. 具备了商业在线教育网站的特点,未来将会支持社会培训功能的实现

该网络课程平台的建设起到了系部课程信息门户网站的功能,具有流量导入、流量转化的功能,为今后的社会化大学课程建设夯实基础。

6. 开发了"附件公告"功能,该功能可提供资料下载、公告传达作用

单一性区域提高学生获取教学通知信息的准确性,降低教师工作量。该功能可进一步拓展完善为"学习型社群""分组教学"等新型教学模式。

7. 开放性平台,可以添加更多科目课程的资源,不局限于本项目的5门课

该平台的首期建设定义为承载文化管理系定制的5门课程网络资源的平台,但在平台实际设计开发中,预设"扩充迭代"功能——可根据需要添加课程类目,完善课程内容,梳理课程之间的联系,以打造和完善系部课程群。

三、建设成效

自网络资源库平台投入使用以来，以"新媒体设计实务"为课程试点进行教学结合，在实际的教学过程中，授课老师使用该平台开展教学模式的创新，如线上线下混合式教学、翻转课堂、案例教学等。学生除了课堂上受益于本平台，课后利用碎片化时间学习占其日常学习时间的比例逐渐增大。学生与老师、学生之间的关于学习的交流相较之前也有很大的提升。该平台的使用，有利于改善学生的学习兴趣、提高师生之间的交流互动。

在实际教学课堂中，平台所呈现的相关多媒体教学资源不仅丰富系统化，而且学生对教学中的相关问题课下可以实时在平台"讨论区"与"直播区"和教师进行沟通，沉淀数据，利用平台实施的多方位学习和沟通方式让学生对课程的整体兴趣较以往普通课堂有较大的提升。该平台建设对于文化艺术商务管理特色在线课程的推广与应用具有很好的示范作用。

3.1.3　慕课建设

为增加优质课程资源，提高学生的文化素养和综合能力，学校引进了"尔雅通识教育网络课程"和"智慧树平台网络课程"，进一步丰富了公共选修课程资源。全校在 2017—2018 学年两学期中，面向全校学生共开设慕课课程 51 门，并通过网络课程平台引进了一批优质的创新创业课程。

表 3－3　2017—2018 学年学校慕课开设情况一览表

序　号	课　程　名　称	课程属性	总学时
1	走进西方音乐	公共课	32
2	走进航空航天	公共课	32
3	走进故宫	公共课	32
4	主题英语	公共课	32
5	中日茶道文化【双语授课】	公共课	32
6	中华国学	公共课	32
7	中华传统文化之戏曲瑰宝	公共课	32
8	中国文化：复兴古典　同济天下	公共课	32
9	中国历史地理概况	公共课	32

续　表

序　号	课　程　名　称	课程属性	总学时
10	中国古建筑文化与鉴赏	公共课	32
11	灾难救援	公共课	32
12	药，为什么这样用	公共课	32
13	星海求知：天文学的奥秘	公共课	32
14	新媒体与社会性别	公共课	32
15	像经济学家那样思考：信息、激励与政策	公共课	32
16	先秦诸子	公共课	32
17	西方美术欣赏	公共课	32
18	文化地理	公共课	32
19	外国建筑赏析	公共课	32
20	丝绸之路漫谈	公共课	32
21	书法鉴赏	公共课	32
22	世界著名博物馆艺术经典	公共课	32
23	声光影的内心感动：电影视听语言	公共课	32
24	摄影基础	公共课	32
25	舌尖上的植物学	公共课	32
26	商业计划书制作与演示	公共课	32
27	儒学复兴与当代启蒙	公共课	32
28	趣味心理学	公共课	32
29	汽车之旅	公共课	32
30	汽车行走的艺术	公共课	32
31	葡萄酒与西方文化	公共课	32
32	民俗资源与旅游	公共课	32
33	魅力科学	公共课	32
34	急救基本知识与技术	公共课	32
35	基因与人	公共课	32
36	花道——插花技艺养成	公共课	32

序　号	课　程　名　称	课程属性	总学时
37	海洋的前世今生	公共课	32
38	古希腊哲学	公共课	32
39	古希腊的思想世界	公共课	32
40	古典诗词导读	公共课	32
41	个人理财规划	公共课	32
42	法语学习与法国文化【双语授课】	公共课	32
43	多媒体课件设计与制作	公共课	32
44	大学生职业发展与就业指导	公共课	32
45	大学生劳动就业法律问题	公共课	32
46	大学生就业与创业指导	公共课	32
47	从泥巴到国粹：陶瓷绘画示范	公共课	32
48	创业管理实战	公共课	32
49	创新设计思维	公共课	32
50	阿拉伯世界的历史、现状与前景	公共课	32
51	3D打印技术与应用	公共课	32

3.1.4　课程思政

习近平总书记在全国高校思想政治工作会议上强调,要用好课堂教学这个主渠道,各类课程都要与思想政治理论课同向同行,形成协同效应。为深入贯彻全国高校思想政治工作会议精神,落实《关于构建上海高校课程思政教育教学体系的实施意见》等文件的要求,推动党的十九大精神进教材、进课堂、进头脑,学校教务处和思政部推行的"课程思政"改革为上海市高职高专院校及外省市学校提供了一套有价值、可推广的"上海经验"。学校作为课程思政的重点培育院校,按照一把手领导、行业主导、思政课指导的思路积极进行了课程思政建设探索,力求为课程的建设提供支撑。结合学校应用技术型人才培养目标,教学团队指导专业课融入德育元素,实现了职业技能培养与思政和职业素养提升相互促进的"化合作用",彰显了专业课与思政教育"同向同行"的协同育人效应,为其他专业课程的"同向同行"起到了示范作用,带动了"课程思政"改革。

　　2018 年,在教务处组织下、思政部指导下,启动了 2018 年度上海出版印刷高等专科学校的第二期课程思政改革试点工作,以费越的"广告创意摄影"等 15 门课程作为重点建设课程,方恩印的"静电照相印刷"等 7 门课程为重点培育课程,傅冰的"经济学基础"等 5 门课程为培育课程。

表 3 - 4　2018 年课程思政建设立项名单

重点建设课程				
序号	开 课 系 部	课程负责人	职 称	课 程 名 称
1	出版与传播系	费 越	副教授	广告创意摄影
2	印刷设备工程系	陈 昱	讲 师	印刷机械基础
3	基础教学部	唐桂芬	副教授	实用英语
4	基础教学部	陆雯婕	讲 师	体育与健康课程
5	印刷设备工程系	孙 敏	高级工程师	Web 设计与编程
6	基础教学部	薛中会	副教授	工程数学
7	出版与传播系	张 翠	副教授	广告原理与实务
8	出版与传播系	姜 波	讲 师	网络媒体策划
9	文化管理系	来 洁	讲 师	文化创意与策划实务
10	文化管理系	陈 群	讲 师	电子商务与网络营销
11	基础教学部	杨 静	讲 师	基础英语视听说
12	印刷设备工程系	马静君	副教授	工程制图
13	印刷设备工程系	周东仿	高级工程师	网络管理软件应用
14	印刷设备工程系	栾世杰	讲 师	机械制造技术
15	影视艺术系	李 灿	讲 师	电视专题片创作
重点培育课程				
序号	开 课 系 部	课程负责人	职 称	课 程 名 称
16	印刷包装工程系	方恩印	讲 师	静电照相印刷
17	文化管理系	颉 鹏	助 教	中国书画
18	文化管理系	易钟林	讲 师	媒介经营与管理
19	影视艺术系	孙蔚青	助 教	影视导演基础
20	出版与传播系	吴旭君	讲 师	中国文化通论
21	出版与传播系	王李莹	讲 师	数字出版物界面艺术设计
22	印刷包装工程系	杨晟炜	讲 师	网页设计与制作

续　表

培育课程				
序号	开 课 系 部	课程负责人	职　称	课 程 名 称
23	文化管理系	傅　冰	副教授	经济学基础
24	文化管理系	余陈亮	助　教	设计基础
25	文化管理系	李雨珂	助　教	管理会计实务
26	印刷设备工程系	王　琳	工程师	印刷机维护与保养
27	印刷设备工程系	付婉莹	副教授	印刷市场营销

案例：德智技融汇，课中课贯通，开启人才培养新征程

学校培养德智体美全面发展的新时代中国特色社会主义的接班人和建设者的关键是实施课程思政，在综合素养课和专业课中融入思政教育，同向同行，形成协同效应。在专业知识传授和技能培养中，以润物无声的方式传递价值引领的内涵。每门课程都具有育人功能，每位教师都负有育人职责，是解决学风问题的制胜法宝，是解决学生价值观问题的康庄大道，具有非常重大和深远的历史意义。

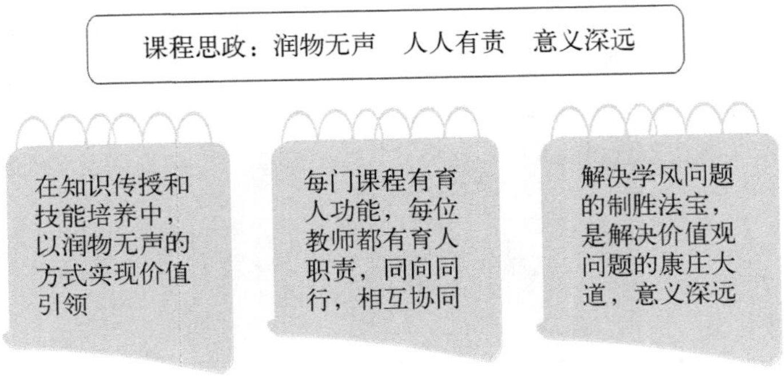

图 3-5　课程思政的重大意义

课程思政是将思想政治教育融入高校全部课程，目的是"知识传授与价值引领相结合"。高校的所有课程分为思政理论教育的显性课程和隐性课程，显性课程即思政理论课，是关于社会主义核心价值观教育，发挥引领作用；隐性课程包含综合素养课和专业教育课，在专业知识传授和技能培养中，以润物无声的方式传递价值引领的内涵。

将思政教育贯穿于学校教育教学全过程

显性课程
(概论课、基础课、形势与政策课)

隐形课程
(综合素养课+专业教育课)

课程思政的目标是"知识传授与价值引领相结合"

图 3 - 6　实施课程思政的目标

一强化：强化教师的育德意识和育德能力

二注重：注重在价值传播中凝聚知识底蕴，注重在知识传播中强调价值引领

三结合：体用结合，术道结合、画龙与点睛结合

四原则：隐性原则、融合原则、精准原则、快乐(幸福感)原则

五分步实施：点上突破、面上推开，逐步覆盖所有专业和课程

把专业课与思政课知识点进行融合和化合

寓德于教

寓道于教

寓教于乐

图 3 - 7　实施课程思政的原则与路径　　　　**图 3 - 8　实施课程思政的"三寓"模式**

四大模块：传承红色印记　成就技能梦想　构筑追梦空间　升华版专情怀

文化内涵：德之魂　学之养　文之道　技之用

图 3 - 9　"红色印迹"课程的四大模块

案例：人才培养"最后 1 公里工程"的"道法术器"

学校在人才培养模式的改革和实践中大力推进和实施人才培养的"最后 1 公里工程"，并取得了一定的成效。总结人才培养"最后 1 公里工程"实施的核心和关键就是打造课堂教学的"道法术器"。所谓"道"就是指以思政道德、人文素养、职业操守为导向的课程思政；"法"就是指在技术技能人才培养过程中要注重挖掘学生的兴趣点，结合学生的实际情况和授课内容开展快乐教学；"术"就是在深入解析岗位所需知识和技能基础上科学构建各专业的知识点与技能点体系；"器"就是指基于虚拟现实和增强现实技术的各种信息化教学手段。

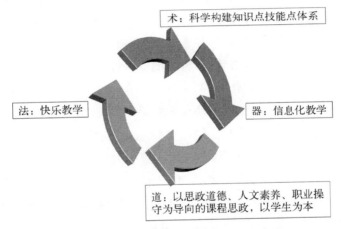

图 3 - 10　人才培养"最后 1 公里工程"的"道法术器"

课程思政：学校培养德智体美全面发展的新时代中国特色社会主义的接班人和建设者的关键是实施课程思政，在综合素养课和专业课中融入思政教育，同向同行，形成协同效应。在专业知识传授和技能培养中，以润物无声的方式传递价值引领的内涵。每门课程都具有育人功能，每位教师都负有育人职责，是从根本上解决学风问题的制胜法宝，是解决学生价值观问题的康庄大道，具有非常重大和深远的历史意义。2013 年，我校主持的上海市教委的思政课改革试点项目"高职思政课融入专业实训课"通过验收后，总结出了思政教育的"课中课"教育教学模式。该模式以"工匠精神"为主线，将思政课内容融入学生的专业实训过程中，实现了学生的思想政治素养、职业素养和职业技能的三提高。

快乐教学："快乐教学"具有开放性，具有"去冗长、去枯燥、去乏味，生动活泼和引人入胜"的特点，与心理学、教育学、信息学等学科密切相关。"快乐教学"重视情景化、游戏化、故事化、信息化的教学方式，倡导互动式、讨论式、探究式、案例式等教学方法。在快乐教学的愉快轻松的环境中，学生容易产生"无意注意"，有利于其自觉主动地接受知识和掌握技能。"快乐教学"渗透在思政教育、职业技能教育、人文素养教育以及创新创业教育等方面。

尽管"快乐教学"原是属基础教育范畴，但经过学校教师的积极努力和开拓创新，已经初步形成了"快乐教学"的高职版，在学校的人才培养工作中发挥了很好的作用，并逐渐成为学校老师的自觉行为。大家积极推进，相互学习，高潮迭起，各系部已形成了互相学习、良性竞争的态势。到2018年底，学校在校园网上发布了36篇快乐教学的系列报道，反映了工文艺管专业课程及基础课程的老师通过课堂互动、幽默风趣、循循善诱、故事叙述、案例探究、游戏闯关、情景模拟和现场教学等"快乐教学"方式方法，显著提升了课堂教学质量。在42门校级专业教学资源库课程的验收评审过程中，校外的资深教育专家对这些课程在"快乐教学"方面有富有成效的措施给予了高度评价。学校还积极鼓励老师借助戏剧剧本表现方式，将课本内容改编成生动有趣的课程讲义，实现课本到课堂剧本的华丽转身，努力构建"快乐教学"的范例。学校还将"快乐教学"的理念和措施运用于课程思政的改革之中，确保了课程思政的吸引力、感召力和影响力。

为了使"快乐教学"能不断持续发展，学校将在政策和机制上加大投入，积极为老师创造条件和搭建平台。学校要在教改项目申报、教学内涵建设、考核机制制定等方面深化对"快乐教学"的实施。同时，学校将建立相应的研究机构，不断积累经验和形成成果，制定"快乐教学"的标准，努力成为上海乃至全国技术技能人才培养的"快乐教学"高地。

构建知识点技能点体系：在大众化教育背景下，高等职业教育通过对教学内容进行科学解析并开展菜单化的学习方式，有助于减轻学生的学习压力，提高学生的学习积极性和效率，有助于学生掌握几项"绝活"，掌握一技之长。一系列知识点和技能点可以被做成若干个微课，构成一个课程教学的"盛宴"。学生在此"盛宴"中可以通过"菜单"式的选择来开展更有针对性的学习。对教学内容的"知识点"和"技能点"进行梳理和体系构建是教师开展教学与改革的基本功，是"最后1公里工程"的重要组成部分，也是教风学风建设的"杠杆"之一。在学校的办学历史上，特别是在国家级教学资源库和骨干校的建设过程中，不少专业和课程已经对各自的"知识点"和"技能点"进行过系统梳理。学校要求各系部建立专业及课程的二级"知识点""技能点"体系,并搭建该体系的信息化平台,实现教学内容的查漏补缺,避免教学内容的重复讲授。学校依托自身在数字出版领域的特色和优势,探索如何在"知识点"与"技能点"体系构建中,运用内容的碎片化(颗粒化)及内容的重构技术,进而实现新专业的自动构建。

　　信息化教学:学校结合国家级专业教学资源库和校级教学资源库项目建设,选用 Bb Learn 在线教学平台作为远程教育服务平台,并组织开发了面向学生、教师、企业、社会学习者四类学习对象的门户平台和各子库平台界面,以适应远程教育的需要,方便各类用户的学习。虚拟现实应用于教育是教育技术发展的一个飞跃。利用虚拟现实技术建立起来的虚拟实训基地,其"设备"与"部件"多是虚拟的,可根据随时生成新的设备。虚拟现实的沉浸性和交互性,使学生在虚拟学习环境中扮演一个角色,全身心投入到学习环境中去,有利于学生技能训练。虚拟(增强)现实技术作为一项有效的现代信息技术与数字出版领域相结合,也产生了许多新技术和新应用,对于学校相关专业拓展研究领域和研究方向具有很强的指导意义。学校在推进虚拟(增强)现实教学的过程中注重应用,兼顾研发,校内老师与校外的专业团队协同开发。结合双创教育工作的开展,学校出台了将虚拟(增强)现实技术融入教育教学改革项目的倾斜政策。

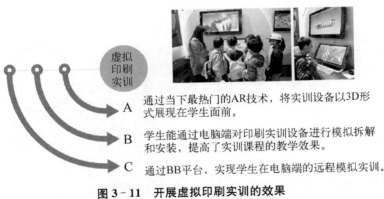

图 3-11　开展虚拟印刷实训的效果

3.2　实训和实习

　　学校共建有校内实训基地 67 个,校外实训基地 206 个。在校内实训基地中,得到中央财政建设资金支持的实训基地 17 个,得到省(市)部级财政建设资金支持的实训基地 50 个。学校共有国家级重点实训基地 2 个。2017—2018 学年,各专业更加重视实践教学,实训实习人时显著增加,校内实训基地使用 1 113 321 人/时①。2018 年,印刷实训中心学生实训总人时 143 170。在校外实训基地参加实习 40.1 天/生,顶岗实习人数 2 082 人,其中接受半年顶岗实习学生人数 1 563 人。学生参加校外合作企业顶岗实习被录用人数 1 069 人。

表 3 - 5　2017—2018 学年实训/实习情况一览表

指　标　类　别	类　　别	规　　模
校内实训基地(个)	校内实训	67
国家级重点实训基地(个)	校内实训	2
上海市公共实训基地(个)	开放实训基地	8
校内实训基地使用(人时)	校内实训	1 113 321
校外实训基地(个)	校外实训	206
校外实训基地使用(天/生)	校外实训	40.1
实验实训原材料费用支出(万元)	校内外实训	52.67
顶岗实习人数(人)	实　习	2 082
应届毕业生顶岗实习录用率(%)	实　习	51.3%

杨欢在"3D数字游戏艺术"项目
晋级国家集训队

张淑萍在第46届世界技能大赛申办陈述现场

图 3 - 12　技能实训成效彰显

---

① 数据来源:高等职业院校人才培养工作状态数据采集平台。

　　教务处重视实验室制度建设,强调流程规范。这些制度分别有《关于"项目评审管理办法"的通知》(沪版高专[2009]21号),《关于进一步加强实验实训室建设项目管理工作的通知》(沪版高专[2010]70号),《上海出版印刷高等专科学校实验(实训)室建设管理办法(修订)》(沪版高专[2016]110号)。近5年,修订与增加了一系列流程表格,如实验室申请书、实验室启动报告、实验室验收申请书、学生实验报告、项目申请流程、项目验收流程、预验收意见表、评审申请表,不断完善了流程,做到了规范与精细。

　　2018年,教务处狠抓实验室验收工作。根据学校"《关于实验(实训)室建设管理办法(修订)》的通知"(沪版高专[2016]110号),每个实验室验收须分为两个流程:预验收和正式验收。预验收由系(部)申请,教务处委托学校督导办公室,按照验收要求,查看验收申请书、启动报告、总结报告、实验大纲、实验指导书、学生实验报告,现场测试可开设项目的实施情况,最终形成预验收意见以及测试结果反馈至教务处,通过后可进行正式验收评审。具体评审流程参考学校《关于"项目评审管理办法"的通知》(沪版高专[2009]21号)实施。

　　2018年,组织系(部)验收实验(实训)室项目11个,涉及经费1 536.93万元。

表 3 - 6　2018 年学校验收的实验(实训)室项目

序号	系　部	项 目 名 称	项目负责人
1	印刷包装工程系	印前自动化处理实验室	顾　萍
2	印刷设备工程系	计算机应用实训中心	周　萍
3	印刷设备工程系	工业物联网通讯实验室	王　凯
4	印刷设备工程系	印刷电子商务实训室	付婉莹
5	出版与传播系	VR/AR 应用制作开发实验室	陈志文
6	影视艺术系	影视传媒生产型实习基地	王正友
7	思政教研部	心理实验室(一期)(二期)(三期)	马前锋
8	文化管理系	会计专业技能实训项目(一期)(二期)	王红英
9	文化管理系	艺术策划实验室	来　洁
10	文化管理系	文化艺术商务实训室(一期)	傅　冰
11	艺术设计系	艺术设计作品展示中心	薛　峰

2018 年,学校新建实验(实训)室项目 5 个,涉及经费 1 232.82 万元。

表 3-7　2018 年学校新建的实验(实训)室项目

序号	系 （部）	项 目 名 称
1	印刷包装工程系	高保真艺术品复制生产性实训基地
2	印刷设备工程系	印刷电子商务实训室(二)
3	出版与传播系	VR/AR 应用制作开发实验室(二期)
4	影视艺术系	影视传媒制作生产性实训基地——融媒体多功能教学中心
5	教务处 印刷实训中心	印刷媒体技术虚拟仿真实训中心建设(二)

案例：实验室专项调研和绩效评估

2018 年 7 月 13 日上午,上海市教委组织对学校实验实训室进行现场调研。专家组由上海城市管理职业技术学院原院长陈锡宝、上海大学巴士—汽学院原院长鞠鲁粤以及上海电子信息职业技术学院科研处处长兰小云等组成。学校常务副校长滕跃民首先从学校基本情况、实验实训室建设与管理、实验室建设成效、实验室建设遇到的问题等方面作了详细汇报,着重介绍了学校实验实训工作在围绕服务上海"五个中心"和"四大品牌"建设,提升学校基础办学能力等方面所做的探索与努力。

专家组组长陈锡宝对学校实验实训室建设、校企合作、专利情况等方面给予高度评价,并对存在的问题提出了改进意见。座谈会后,专家组成员对学校相关实验实训基地进行了实地考查。在实地查看中,专家组对学校的实验实训室建设能够坚持办学特色,服务学生职业能力培养,以及实验实训室对技能大赛、教科联动的推动作用给予了高度肯定。此次现场调研工作,教务处完成了实验室调研自查报告。

2018 年 5—7 月,学校顺利通过了上海市教育委员会财务处委托第三方会计师事务所对 2017 年度内涵实验室的绩效评估工作。为期两个月的绩效评估工作,核查了 9 个实验室的建设目标、建设内容、建设情况、产生的绩效结果、经费使用是否合理、设备招标采购等具体情况,与每位实验室项目负责人座谈,并专门走访每个实验室,最终根据他们的评估体系形成了学校的绩效报告,以较好的成绩通过了此次绩效评估。通过此次评估初步形成了学校的绩效评估体系。

教育部原副部长鲁昕体验

助力世界技能大赛

在教育博览会上展示

"职业体验日"中受到追捧

图 3 - 13　印刷媒体技术虚拟仿真实训中心

案例：打造印刷实训中心管理系统　开创版专设备智能管控篇章

　　上海印刷出版高等专科学校印刷实训中心作为连续三届的世界技能大赛印刷媒体项目中国集训基地(牵头基地)，现拥有海德堡、小森、惠普、理光、爱克发、柯达、柯尼卡美能达、佳能、凯马等大型印刷设备数十台，同时拥有各类检测仪器、工具上百套。特别是各类小型设备、仪器，具有品种门类多、产品价值高、外观体积小、借用频率高、使用位置分散等特点，因此该类设备、仪器也一直是印刷实训中心管理的难题。

　　为解决上述问题，学校 CRP 推进办协同印刷实训中心，依托信息化手段，为其打造了实训中心管理系统，又名小型设备智能管理系统。

　　该系统基于物联网和人工智能技术(其中包含嵌入式系统、无线传感器网络、遥感、人工智能、人脸识别)，以学校现有资产管理系统为基础，用电子标签(RFID)作为标志介质，通过 WEBSERVICE 接口技术实现两个系统之间的相关设备信息的关联。可以有效解决小型高价值仪器设备的管理难题，实现在一定范围内对小型固定资产实施定位跟踪，并对重要资产离开规定范围内进行系统报警，达到资产设备查找、智能化清点、安全监管的目的。

该项目是学校信息化管理对于前沿科技的运用尝试。与其他身份识别技术相比，人脸识别的特点在于更具安全、保密和方便性。RFID 定位是物联网技术在传统资产设备管理环节中的一次成功应用，可以完成设备借用源头追溯、设备误拿自动报警、自动库存盘点，以及使用状态的全程跟踪与安全保护，以此实现智能化识别、定位、跟踪、监控和管理。在教育信息化 2.0 时代，智慧校园作为承载教育变革的重要载体。基于大数据、人工智能、物联网等新技术，学校将大力推进信息技术深度融合到教育全过程，更好地服务师生，最终实现以教育信息化推动学校教育现代化。

海德堡CTP直接制版机　　　　　　　　　波拉切纸机

图 3-14　实训中心先进设备

案例：蘑菇丁实习管理平台

使用蘑菇丁 APP 进行学生校外跟岗实践、顶岗实践是符合教育部《高职创新发展行动计划》《职业学校学生顶岗实习管理规定》和《职业院校管理水平提升行动计划（2015—2018 年）》中的要求：鼓励学校搭建信息化顶岗实习管理平台，规范顶岗实习的过程管理，提高顶岗实习教学环节诊改；职业学校应对实习工作和学生实习过程进行监管；鼓励有条件的职业学校充分运用现代信息技术，构建实习信息化管理平台，与实习单位共同加强实习过程管理。

印刷包装工程系通过使用蘑菇丁 APP 对 2015 级毕业综合实践、2016 级职业技能实训进行实习管理，做到满足教育部顶岗实习管理规定的要求，实现实习管理信息化。从学生的操作层面分析,每一位实习学生无须电脑,利用手机就可以完成实习过程中的学习任务;学生的手机号、岗位信息可以通过手机 APP 及时收集;同时在实习过程中遇到的问题可以及时向学校和教师反馈,以便及时解决问题。从带教教师的指导层面分析,可以及时觉察学生异动,保障学生在实习期间的人身安全;实习通知可以及时传递到每个学生,全面无遗漏;可以利用碎片化时间评阅学生的周记;实习考核有据可循,学生实习情况一目了然。从系部、教务处和学校的管理层面分析,可以监管带教老师实习管理工作情况;实现实习总体情况和过程监控,及时督导实习工作,在满足安全管理要求的同时,提升实习教学质量;并且可以邀请企业指导老师参与进来,达到校企师生互动。

　　通过蘑菇丁 APP 进行实习管理的持续推进,实现与学校 CRP 系统对接。在逐步完善各专业实习标准的基础上,实现对学生实践过程电子文档的归档和实习过程数据全方位诊断,最终利用大数据对学生实习情况进行分析,完成对专业人才培养方案的修订。

图 3－15　蘑菇丁实习管理平台界面

3.3 学生竞赛

学校注重学生知识、技能、素质协调发展,积极实施"竞赛引领"的人才培养模式,营造了创新的文化氛围,提高了学生的创新意识,学生在各级各类比赛中取得佳绩。

表 3-8　2017—2018 学年学生参加部分重大赛事获奖情况

竞赛类获奖情况		
竞赛级别	奖 项 名 称	奖 项 等 级
国家级	2018 年"挑战杯——彩虹人生"全国职业学校创新创效创业大赛	三等奖 3 个
	第 10 届全国大学生广告艺术大赛	互动类全国一等奖 1 个,互动类全国三等奖 1 个
上海市	2018 年"知行杯"上海市大学生社会实践项目大赛	三等奖 1 个
	2018 年"挑战杯——彩虹人生"上海市职业学校创新创效创业大赛	一等奖 1 个,二等奖 3 个
	第 6 届全国高校数字艺术设计大赛	上海市一等奖 1 个,上海市二等奖 1 个,上海市三等奖 1 个
校 级	2018 年"挑战杯——彩虹人生"上海市职业学校创新创效创业大赛校内选拔赛	特等奖 4 个,一等奖 11 个,二等奖 20 个,三等奖 24 个

图 3-16　学校学生参加第 10 届全国"大学生广告艺术大赛"获互动类全国一等奖、三等奖

表 3-9　2017—2018 学年志愿者服务类获奖情况

级　别	名　　称
上海市	2018 年上海之春国际音乐节管乐艺术节优秀组织奖
上海市	2018"知行杯"上海市大学生社会实践项目大赛优秀指导教师
上海市	2018"知行杯"上海市大学生社会实践项目大赛先进个人 2 项
上海市	第 8 届上海市大学生国际人道问题辩论赛优秀组织奖

案例：角逐美国印刷大奖：勇攀高峰　夺 14 座班尼金奖创高校获奖纪录

"美国印刷大奖"（Premier Print Awards）创办于 1950 年，由美国印刷工业协会主办，被誉为印刷界的"奥斯卡"，其最高荣誉班尼奖（Benny Award）以美国最具影响力的发明家本杰明·富兰克林命名。2017 年，学校初涉该赛，获得了一金三铜的优异成绩。2018 年，学校选送的 14 件参赛作品全部获得班尼金奖。同时，美国印刷大奖组委会首次向学校颁发了集体金奖，学校勇夺 14 金也成为单届获得金奖最多的中国高校。

据了解，本次大赛上海共选送了 80 件作品，最终获得金奖 26 项、银奖 14 项、铜奖 15 项，22 家送评单位斩获奖项。学校选送的 14 件作品全部获得学生类别金奖，超过半数金奖都由学校获得。

本次大赛在筹备阶段就得到了学校领导和各系部的高度重视和大力支持，常务副校长滕跃民亲自督战，鼓励各参赛团队充分发挥学科优势和专业特色，努

图 3-17　班尼奖获奖证书

图 3-18　班尼奖奖杯

力创作出独具创意的优秀印刷作品。前期共收到来自 5 个系（部）共计 50 多件参赛作品。经评委专家组仔细遴选、精心指导，最终共有 14 件作品脱颖而出代表学校参赛。

在短短一个月的备赛期间，参赛师生团队克服多重困难，与印刷实训中心、技术技能人才培训学院积极合作，精益求精，努力实现创意与印制完美结合的最佳效果。最终学校师生不负众望，收获了世界印刷行业公认的最高荣誉，向世界展示了学校学生印刷技术水平和艺术设计能力。

表 3-10　2017—2018 年美国印刷大奖班尼奖获奖名单

序号	作　品	系　别	获奖学生	指导老师	获奖年度
1	《山海经》线装书	艺术设计系	孟子航	吴昉	2017
2	《团扇》明信片	艺术设计系	张雯	吴昉	2017
3	《独秀展》邀请函	艺术设计系	张叶莎	靳晓晓	2017
4	《长城》贺卡	艺术设计系	谢璟圆	靳晓晓	2017
5	忆古霓裳	艺术设计系	孟园	高秦艳	2018
6	《皮影》书籍设计	艺术设计系	朱凤瑛	靳晓晓	2018
7	《中国印象》	艺术设计系	张勇强	靳晓晓	2018
8	《敦煌飞天》书册	艺术设计系	王菲	吴昉	2018
9	《清明上河图》节气日历	艺术设计系	甘信宇	吴昉	2018
10	《人间六味》线装书	艺术设计系	朱凤瑛	周勇	2018
11	蛇形自行车鞍座（3D 打印）	印刷包装工程系	曹智皓	郑亮	2018
12	《苏园》手绘	影视艺术系	尹越秀	包立霞 胡悦琳	2018
13	《忆童年》	影视艺术系	程颖	包立霞	2018
14	《八仙过海》	影视艺术系	刘悦馨 范小枫	谭斯琴	2018
15	《左心室》西式书籍设计	影视艺术系	张琼	李艾霞	2018
16	《皮影》	影视艺术系	牟文静	李艾霞	2018
17	《侠客行》折页画册	文化管理系	李贺 窦菁文 党程程	余陈亮	2018
18	《Moment》木刻水印	文化管理系	任颖雯	丁文星	2018

图 3－19　2018 年金奖作品《敦煌飞天》书册　　图 3－20　2018 年金奖作品：《清明上河图》节气日历

3.4　高等教育研究

　　2018 年,学校高等教育研究所对西方发达国家的专业设置和课程体系进行了深入研究,并将"德国应用技术型高校媒体设计本科专业课程设置及教学内容资料""本科专业自然科学基础课程设置与内容简介""网络媒体专业课程设置与内容简介""信息科学与电气工程类本科专业与课程设置简介"翻译成中文,供学校各专业在进行教学改革和专业结构调整时作参考。2018 年,研究所组织评审校本课题 30 项,立项 16 项,包含教学改革模式探讨、"启盈创新班"管理机制研究、中外合作办学质量保障体系研究、校企合作与产教融合深化实施与规律总结、非思政类课程开展德智融合的探索研究、"教科对接"与双创教育、快乐教学等主题。

　　2018 年度,学校获批教育部、上海市教委、上海市教育科学研究项目、上海市职业教育协会以及上海市高职高专教学研究会等组织的教育教学研究课题十余项,成功申请项目建设经费约 260.2 万元。

表 3－11　2018 年学校高等教育研究所立项课题一览表

序号	姓　名	立　项　课　题　名　称
1	曹蓓蓓	基于供给侧改革的高等教育"双创"人才培养研究
2	冯　艺	"启盈创新班"导师制管理机制研究

序号	姓　名	立　项　课　题　名　称
3	耿春喜	基于 CRP 系统的学生数据分析应用研究
4	郭洪菊	基于上海发展趋势的专业群应用型本科的探索研究
5	胡悦琳	快乐教学在高职影视专业课程中的实施研究
6	李　灿	"五维一体"的学习能力评价体系在高职高专人才培养中的运用研究
7	牟笑竹	数字图文信息技术中高贯通专业建设思考与创新
8	潘　杰	印刷设备专业群产教融合、校企协同育人的有效机制研究
9	秦晓楠	地域文化融入课程思政教学实践的思考——以产品包装设计课程为例
10	王贺桥	高职高专院校大学生自主学习能力评价体系与提升策略研究
11	王正友	中外合作办学质量保障机制研究
12	肖纲领	高职院校产教融合深化实施与规律研究
13	杨　静	商务专业英语课程开展德智融合的探索研究
14	杨晟炜	专业知识点技能点数据库的构建
15	殷　妮	高职英语快乐教学的模式与实施研究
16	印莲华	面向出版专业的"理实一体化"实验室建设及管理模式探索

运营与管理"版专教研"公众号，2018 年，"版专教研"共发布 50 余篇文章，其中 60% 为原创，且多次被上海高职、腾讯云等转载。

2018 年，学校高教研究所公开出版了高等教育研究 2017—2018 年论文集，该论文集包含了学校近两年高教研究所主持的校本研究论文。

2018 年 12 月，人工智能教育研究中心挂靠高等教育研究所和教务处。在教学工作大会上，学校党委书记顾春华和校长陈斌共同为"人工智能教育研究中心"揭牌，这标志着学校围绕"互联网＋"和人工智能教育教学的探索，将产生一批符合人工智能时代人才培养需求的校本研究成果。

2018 年，为全面贯彻落实全国教育大会精神，高教研究所对五育并举、快乐教学、赛教融合、课比天大等教学理念、教学方法、教学手段进行了深入研究，组织了多场专题研讨会，得到了有关领导和教育专家的高度认可，并构建了以德育为核心的"五育并举"的人才培养体系和"理念—方法—手段"三位一体的教学系统。

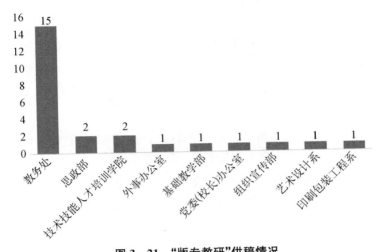

图 3-21　"版专教研"供稿情况

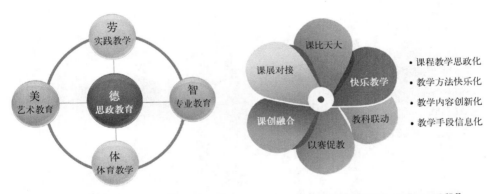

图 3-22　构建以德育为核心的"五育并举"的人才培养体系

图 3-23　推进"理念—方法—手段"三位一体的教学系统建设

3.5　启盈创新班

为适应区域和行业转型发展需要,培养具有国际视野、人文素养、艺术眼光、创新意识的出版印刷传媒类技能型拔尖人才,学校从 2014 级学生起试办

"启盈创新班",因材施教、强化知识基础和实践技能,实施卓越技能型人才培养计划。

"启盈创新班"在印刷包装工程系及出版与传播系开展试点,每期两系各选拔 30 名优秀学生加入"启盈创新班",至今已开办 4 期。学校坚持优中选优、宁缺毋滥的原则,采取严格的选拔程序,实施小班化教学模式。所有进入"启盈创新班"的学生在保证完成主修专业学习任务的情况下,根据自身兴趣和特长,结合未来发展规划,修读英语、计算机、艺术设计、管理学、领导力、新媒体传播、网络与新媒体营销、创新创业等课程。

2018 年,学校联合上海融博信息技术服务有限公司为"启盈创新班"组织了"创新拓展体验日"活动,让学生亲身体验 3D 打印、AR 增强现实和 MR 混合现实等新兴热门技术,赢得了学生们的普遍赞誉。学校还为"启盈创新班"学生专门举办专题讲座和各种主题活动,包括企业管理、版权知识、音乐欣赏、人工智能专题讲座,以及学生朗诵会、辩论赛等活动。

图 3‑24 "创新拓展体验日"活动

学校为每期"启盈创新班"学生举行了隆重的结业仪式,主管校领导及印刷包装工程系、出版与传播系、学生处、团委、教务处的相关领导和教师代表都会共同出席,见证这一美好时刻。

"启盈创新班"的创新教学模式,对提高学生综合素养起到了积极的作用。在 2018 届"启盈创新班"中,有 10 名学生获得了上海市优秀毕业生称号。

图 3－25　2018 届"启盈创新班"结业仪式

表 3－12　2018 届"启盈创新班"获上海市优秀毕业生称号的学生

序　号	所　属　系　部	姓　名
1	出版与传播系	陈昱榕
2	出版与传播系	孙诗佳
3	出版与传播系	杨　帆
4	出版与传播系	潘珂雪
5	出版与传播系	吴芳琴
6	印刷包装工程系	雷红彪
7	印刷包装工程系	龙枷颖
8	印刷包装工程系	杨语嫣
9	印刷包装工程系	王雪淳
10	印刷包装工程系	葛　君

4. 政策保障与政府支持

4.1 办学条件保障

学校各项办学条件均符合综合类高职院校达标指标要求。其中,具有研究生学位教师占专任教师的比例、生均教学科研仪器设备值、新增教学科研仪器设备所占比例、百名学生配教学用计算机台数等均远高于国家规定的达标指标。

表 4-1 2017—2018 学年办学基本条件一览表

基 本 检 测 指 标	评估标准	本校数据
生师比①	≤18	14.25
生均教学行政用房面积(m²/生)	≥15	9.9
生均学生宿舍(公寓)面积(m²/生)	≥6.5	7.72
生均实践场所面积(m²/生)	≥8.3	4.72
生均占地面积(m²/生)	≥59	45.61
具有研究生学位教师占专任教师的比例(%)	≥15	82.38
生均(折合)教学科研仪器设备值(元/生)	≥4 000	46 956.23
新增教学科研仪器设备所占比例(%)	≥10	15.09
生均(折合)图书(册/生)	≥60	88
生均(折合)年进书量(册)	≥2	3
百名学生配教学用计算机台数(台)	≥10	70

① 生师比=折合在校生数/[校内专任教师人数+(校内兼课人员教学工作量+校外兼职教师教学工作量+校外兼课教师教学工作量)/160]。

图 4-1　数字印刷实训室

4.2　办学经费及效率

4.2.1　年度办学经费总收入及其构成

截至 2018 年 11 月 30 日,2018 年度学校经费总收入为 24 556.05 万元,主要来源为财政补助收入 18 378.92 万元(74.84%)、教育收费收入 4 485.97 万元(学费收入＋住宿费收入,18.27%)、非同级财政专项经费收入 375.35 万元(1.53%)、非财政专项收入 696.10 万元(2.83%)、社会服务收入 27.10 万元(0.11%)、科研事业收入 317.10 万元(1.29%)、其他收入 275.51 万元(1.12%)。

4.2.2　年度办学经费总支出及其构成

截至 2018 年 11 月 30 日,2018 年度学校经费总支出为 23 941.79 万元。其中:人员经费支出(含在职人员、临时人员)8 157.14 万元(34.07%),公用经费支出 6 628.74 万元(27.69%),年初批复预算项目支出 3 583.00 万元(14.97%),代编预算项目支出 1 653.37 万元(6.91%),拨入专款支出 3 182.92 万元(13.29%),以前年度结转项目支出 2.47 万元(0.01%),科研事业支出 223.52 万元(0.93%),社会服务支出 18.61 万元(0.08%),其他支出 492.02 万元(2.06%)。

4.3 　高等职业教育创新发展行动计划

根据经济和社会发展、文化产业结构调整与转型升级和技术发展对技术技能人才培养的需求,进一步优化体现行业特色的专业体系和结构,继续推进重点专业建设,形成覆盖文化产业链、办学实力强、人才培养质量高、水平一流的专业群。推进适应文化产业发展的新专业教学标准的开发,学习、引进、开发印刷包装行业国际水平职业教育专业教学标准,建设一批校级高等职业教育精品在线开发课程。继续推进印刷媒体技术虚拟仿真实训中心建设,显著提升以培养学生职业能力为目标的实训质量和水平。校企共建印刷行业生产性实训基地,使学生实践技能培养贯穿于产品生产、社会服务、技术研发等生产性过程,提升学生技术技能培养水平。继续推进"双证融通"人才培养试点工作,实现学历教育与职业资格培训的融通。开设高水平中外合作办学项目和机构,大力引进境外优质教育教学资源,提升办学水平和质量。扩大与"一带一路"沿线国家印刷媒体技术专业高等职业教育合作与交流,支持优质专业及教育资源"走出去",开展合作办学和教育培训。加强高等职业教育研究机构和队伍建设,加大投入支持教育教学研究工作。促进专业教育与创新创业人才教育的有机融合,以创新创业人才培养要求为依据,搭建学生创新创业教育实践平台。探索大学生创新创业类学分认定,推进专业教育与创新创业人才教育有机融合的机制建设和实施。促进学生职业技能培养与职业精神养成的融合,提升职业教育人才培养水平。

根据学校教务处对教育部《高等职业教育创新发展行动计划(2015—2018年)》所列49项任务和14个项目的梳理结果和上海市教委《上海高等职业教育创新发展行动计划(2015—2018年)》意向承担的任务一览表,学校各系(部)和部门共申报承担任务18项,项目25项。经专家评议,学校承担任务9项,项目6项,纳入学校《高等职业教育创新发展行动计划(2015—2018年)》建设内容。

表4-2 　3年行动计划意向承担的任务一览表

序 号	工 作 任 务
RW—65_S31	促进职业技能培养与职业精神养成相融合
RW—58_S31	加强高等职业教育研究机构和队伍建设,加大投入支持相关研究工作;有条件的高等职业院校建立专门教育研究机构,开展教学研究

续　表

序　号	工　作　任　务
RW—42_S31	促进专业教育与创新创业教育有机融合;利用各种资源建设大学科技园、大学生创业园、创业孵化基地和小微企业创业基地,作为创业教育实践平台
RW—37_S31	建立产业结构调整驱动专业设置与改革、产业技术进步驱动课程改革的机制
RW—02_S31	学习和引进国际先进成熟适用的职业标准、专业课程、教材体系和数字化教育资源
RW—05_S31	举办高水平中外合作办学项目和机构
RW—28_S31	落实《教育部　人力资源社会保障部关于推进职业院校服务经济转型升级面向行业企业开展职工继续教育的意见》
RW—41_S31	扩大与"一带一路"沿线国家的职业教育合作;服务"走出去"企业需求,培养具有国际视野、通晓国际规则的技术技能人才和中国企业海外生产经营需要的本土人才;配合"走出去"企业面向当地员工开展技术技能培训和学历职业教育;支持专科高等职业院校国(境)外办学,为周边国家培养熟悉中华传统文化、当地经济发展亟需的技术技能人才
RW—60_S31	健全学生思想政治教育长效机制;高职院校按师生比 1∶200 配备辅导员;心理健康教育全覆盖

表 4-3　3 年行动计划意向承担的项目一览表

序　号	工　作　任　务
XM—06—02_S31	立项建设省级高等职业教育精品在线开放课程
XM—18_S31	开发建设一批创新创业教育专门课程(群)
XM—16_S31	以市场为导向多方共建应用技术协同创新中心
XM—02_S31	校企共建的生产性实训基地建设
XM—01_S31	骨干专业建设
XM—07_S31	建成一批职业能力培养虚拟仿真实训中心

案例: 2018 年中国技能大赛——第 6 届全国印刷行业职业技能大赛平版印刷员全国总决赛在我校举行

2018 年 10 月,2018 年中国技能大赛——第 6 届全国印刷行业职业技能大赛平版印刷员全国总决赛开赛仪式在学校举行。原国家新闻出版广电总局人事司副司长李宏葵、教育培训一处处长张兆刚,中国印刷技术协会理事长王岩镔、副秘书长郭明,上海市教育科学研究院院长、上海市教委高教处处长桑标,上海市人力资源和社会保障局职业能力建设处处长顾卫东,上海市职业技能鉴定中心主任孙兴旺,上海市杨浦区人力资源和社会保障局党委书记、局长李金刚,副局长周遐玮,本次大赛赛区总指挥、学校校长陈斌,上海烟草包装印刷有限公司党委书记冯永铿,上海新闻出版职业技术学校校长黄彬,上海市印刷行业协会秘书长傅勇以及来自全国各地参赛代表队的领队、知名印刷企业代表、114 名参赛选手、学校学生代表参加了本次开赛仪式。仪式由大赛赛区副总指挥、常务副校长滕跃民主持。

图 4-2　第 6 届全国印刷行业职业技能大赛总决赛现场

　　陈斌首先致欢迎词。他表示,2018 年是改革开放 40 周年,也是学校建校 65 周年,正处于印刷行业职业教育转型发展的重大历史机遇时期。他强调,新时期,学校将严格按照国家新闻出版署、人力资源社会保障部大赛工作部署,贯彻落实上海市教委关于职业教育工作要求,紧跟印刷行业发展趋势需求,以赛促学、以赛促训、以赛促教、以赛促改,加快大赛成果转化,为培养高层次高技术人才,打造高素质高技能印刷人才队伍贡献力量。

　　随后,裁判长左致宇、选手代表宋宏伟分别代表全体裁判员和参赛选手庄严宣誓。上海市新闻出版职业技术学校校长黄彬向大赛的成功举办表示热烈祝贺。

上海市教育科学研究院院长、上海市教委高教处处长桑标表示,全国教育大会的胜利召开为进一步做好职业教育提供了重要遵循和重要依据,国家当前高度重视职业教育,把发展职业教育作为建设现代化经济体系,加快实体经济发展,推动产业转型升级、促进就业创业、增进民生福祉的重要途径。希望学校依托本次技能大赛高端平台,为加快上海"五个中心""四大品牌""三大文化"建设,为上海乃至全国职业教育发展贡献力量。

顾卫东指出,广泛组织开展技能竞赛是加强技能人才培养选拔、促进优秀技能人才脱颖而出的重要途径,希望选手们珍惜比赛机会,刻苦钻研技术,为国家印刷技能人才队伍建设、企业发展作出新的更大贡献。

王岩镔在讲话中表示,本次大赛呈现出贯彻国家职业教育战略,集全行业之力承办国家级品牌赛事;立足主流竞赛工种,着力竞赛方式创新;对标世界技能大赛,上海两所实力院校协办大赛三大新特点。她强调,中国印刷技术协会作为大赛的承办单位和行业主管部门,一定全力以赴、精心组织、严密部署、认真实施,为大赛有序进行提供有力保障,确保参赛选手赛出风格,赛出水平,取得好成绩。

李宏葵做重要讲话。他对已经成功举办5届的全国印刷行业职业技能大赛在行业产生的巨大的辐射效应、有力促进国家印刷人才队伍素质提升给予了高度评价。最后,李宏葵郑重宣布:2018年中国技能大赛——第6届全国印刷行业职业技能大赛平版印刷员全国总决赛正式开赛。

滕跃民表示,一定按照上级主管部门要求,认真学习落实领导讲话精神,立足全国印刷行业职业技能大赛平台建设基础,为我国印刷行业的健康发展和"一带一路"建设不断作出更大贡献。

图4-3　中国印刷技术协会
　　　　会长王岩镔讲话

图4-4　原国家新闻出版广电总局
　　　　人事司副司长李宏葵讲话

据统计,本届大赛全国共有 65 万多名职工和学生参加了大赛各个工种的比赛,仅参加平版印刷员项目的选手就达 34.5 万多人。本次大赛得到了国家新闻出版署、人力资源社会保障部的大力支持以及中国印刷技术协会的积极指导,"劳动光荣、技能宝贵、创造伟大"的理念得到了广泛弘扬,对于在全社会宣传崇尚技能、尊重劳动、刻苦钻研、精益求精的职业精神,培养更多大国工匠、服务中国制造、建设印刷强国具有重要意义。

5. 境内外合作

5.1 海外交流学习

　　2018 年,学校共资助派出 237 名优秀学生赴海外学习实习,共计 10 个项目,涉及美国、加拿大、英国、法国、芬兰、白俄罗斯、日本、马来西亚、哈萨克斯坦 9 个国家,资助海外学习(实习)奖学金总金额达 220 万元。各项目展现自身特点和内涵,充分吸收当地专业特色和文化精髓,以创建特色教育内容为主体,搭建海外学习实习交流平台,打造技能学习与文化交流相结合、体验操作与创新实践相浸润,集技能教育性、文化体验性、实践互动性、时尚创新性于一体的系列学习模块,通过交流学习,同学们的个人素养、语言能力和操作能力都得到了极大的锻炼和提高,取得了非常优异的成绩。学校外事办还组织编写了《2018 学生海外学习实习汇报材料集锦》一书,共收录优秀学生海外学习实习感想报告 41 篇。

表 5-1　2018 年境外交流学习情况一览表

序号	出访国家(地区)、院校	项 目 内 容	交流时间	学生人数
1	英国博尔顿大学	英语语言学习;英伦文化体验	26 天	37
2	法国巴黎视觉传达高等艺术学院	影视制作技术;法国艺术研习	18 天	9
3	美国弗里斯州立大学	多媒体、印刷课程;美国文化考察;美国学生口语训练	21 天	5
4	白俄罗斯国立技术大学	印刷媒体课程学习;图书史研习;白俄罗斯传统文化学习	15 天	22

序号	出访国家(地区)、院校	项　目　内　容	交流时间	学生人数
5	日本大学佐野短期大学	媒体课程;中日印刷行业对照研习;日常日语;川特日本文化参观;日本企业参观	14 天	47
6	芬兰奥卢大学(夏季)	北欧企业实践;创新创业教育	21 天	8
7	芬兰奥卢大学(冬季)	北欧企业实践;创新创业教育	18 天	9
8	马来西亚南方大学学院	东南亚文化体验和艺术鉴赏;东南亚建筑、商业研习	15 天	84
9	加拿大北岛学院	第二语言英语培训;加拿大艺术鉴赏和文化体验	26 天	13
10	哈萨克斯坦阿拉木图印刷学院	印刷课程学习;印刷工厂企业参观;哈萨克斯坦文化学习	11 天	3

为适应学校国际化人才培养战略需要,学校积极整合原有海外合作院校资源,同时广辟渠道,不断拓展新的合作伙伴、提升交流层次、深化合作内容。立足学校技术技能人才培养目标,加强与行业合作交流,与美国印刷工业协会正式建立合作伙伴关系,推动双方在印刷技术、人才培养、科研项目等方面的合作。2018 年,学校共接待了 24 个海外院校及组织正式访问团组,共 146 人/次。签署合作协议 17 份,内容包括战略合作协议、中外合作办学、联合培养、学生海外学习实习等。

5.2　中外合作办学项目

2017 年,学校与法国国际音像学院(3IS)成功获批现代传媒技术与艺术学院非独立法人中外合作办学机构。2018 年该机构招收第 2 届学生,招生学生数为 2017 年第 1 届招生数的 2 倍,目前各项教学工作有序进行,在人才和师资培养方面成效显著。影视动画(中法合作)专业教师张波获得第 3 届上海高校青年教师教学竞赛特等奖,同时被授予"上海市五一劳动奖章"。

学校文化管理系中外合作办学两个项目于 2015 年 9 月正式招生,2018 年 7 月首届出版商务(文化媒介与版权经纪方向)、艺术设计(艺术经纪方向)中外合作办学项目学生顺利毕业。其中 2 个中外合作办学项目有 11 位同学通过法国艺术文化管理学院考核,于 2017 年 11 月留学法国 EAC 攻读学士学位。截至 2018 年年底,已经有 3 位学生顺利通过法国艺术文化管理学院的硕士入学考核,2018 年 9 月前往法国攻读硕士学位,录取的比例近 30%,高于法国艺术文化管理学院本校其他学生录取比例。

表 5 - 2   2018 年学校中外合作办学项目一览表

专 业 名 称	合作开始年份	合 作 方	项目负责人
出版商务(文化媒介与版权经纪)	2014	法国艺术文化管理学院	王红英
艺术设计(艺术经纪)	2014	法国艺术文化管理学院	王红英
数字图文信息技术	2001	美国罗切斯特理工学院	孔玲君
广告设计与制作	2017	美国奥特本大学	王正友
广播影视节目制作	2017	法国国际音像学院	王正友
影视动画	2017	法国国际音像学院	周 勇

案例:立足产业发展、助力打响"上海文化"品牌,全方位培养文化媒介与版权经纪国际化人才

文化产业是被国际社会公认为 21 世纪最具发展前途的"朝阳产业"和"黄金产业"。我国"十三五"文化改革发展规划明确提出,2020 年文化产业将成为国民经济支柱性产业,文化产业的重要性已上升到国家战略层面。我国文化产业发展及上海文化创意中心建设需要大量文化视野宽、文化素养好、创新创意能力强、懂经营会管理的文化媒介与版权经纪人才。2015 年,经上海市政府部门批准、国家教育部门备案,上海出版印刷高等专科学校与法国艺术文化管理学院(EAC)合作举办出版与发行(文化媒介与版权经纪)中外合作办学项目。该专业率先提出了以文化媒介与版权经纪为人才培养方向,也是率先与国外优质文化艺术管理类院校开展中外合作办学的项目。

在人才培养的道路上,学校近年来不断深化与国际接轨的办学实践,着力体现"先""新""实""特""优"的办学构想,全方位打造文化媒介与版权经纪国际化人才,逐步走出了一条培养开放型、创新型、应用型、国际化人才之路。

图 5-1　2018 年 12 月 7 日《文汇报》专题报道

一、抢抓机遇抢占先机,职教人才培养"先"字当头

上海出版印刷高等专科学校审时度势,2014 年与法国艺术文化管理学院共同申报出版与发行(文化媒介与版权经纪方向)中外合作办学项目(2016 年该专业名称调整为出版商务专业)。法国艺术文化管理学院(EAC)是欧洲艺术文化管理领域的佼佼者,在全球权威商科的 Eduniversal(SMBG)专业排名中长期处于前三位。EAC 创新性地打通了金融、管理与文化艺术之间的屏障,首创性地建立了文化艺术行业专业管理者的学习模式。出版商务(文化媒介与版权经纪方向)人才培养重点突出对文化创意策划、文化媒介与版权运营与管理专业理论知识与实践能力培养。人才培养目标就是为上海乃至全国文创产业发展培养从事媒介与版权经纪、国际文化贸易、项目管理策划的复合型专业技术人才。

二、创新校企合作新模式,真学实做突出"实"字,以职业能力培养为主线,人才培养突出"新"字

文化媒介与版权经纪国际化人才培养的难点,首先在于学生实践能力培养。为此,该专业教学团队充分利用企业资源平台,创新校企合作新模式,以职业能力培训为主线,以特色创新核心课程资源平台为基础,与文化传媒企业共商人才培训项目合作,按需设置真学实做项目,结合文化媒介与版权经纪培养特色,开展各类真学实做的实践项目等。

教学团队与国内知名的雅昌文化集团借助"雅昌艺术网"平台,联合开发了"文化艺术品电子商务与网络营销"实训项目。真实在线的交易环境,丰富的网站素材,极大地丰富了课堂教学,取得了非常好的效果。与上海东方汇文文化集团公司开展了版权贸易与服务课程实践教学,全程参与并指导学生参与上海市自贸区文化授权展项目,让学生了解和掌握文化版权贸易与服务岗位职业能力。与上海城市艺术博览会、上海凡酷文化传媒有限公司、新汇文化娱乐集团等企业开发了文化产品创意与策划、艺术品策划与展览、文化传媒运营管理等真学实做项目,真正做到让学生在真实的企业环境中掌握文化创意与策划及展览、版权服务实务知识。

图5-2　出版商务专业实践实训项目

三、引进特色优质教育资源,国际化人才培养突出"特"字,思政教育有机融入专业教育,育人为本突出"优"字

特色是中外合作办学产生发展力、带来吸引力、加强竞争力、增强生命力的法宝。文化管理系将EAC的人才培养计划,与文化媒介与版权经纪人才培养实际相结合,构建了富有特色的国际化人才培养模式。在培养模式上,加强基本知识、实践能力和人文精神教育,突出培养媒介与版权经纪人才的实用性和针对性;在教学模式上,部分引进外方课程体系和教材,依托学校、外聘专家、EAC的优秀教师队伍共同授课,确保教学质量;在教学方式上,实行分层次教学,修订和完善人才培养方案,优化和完善课程标准,引进先进的教学管理办法,制订科学的中外合作办学课程教学及学生管理规定,不断完善中外合作办学内部保障体系,实现与法国艺术文化管理学院专业课程的有效对接。

校园文化活动是高校思想政治教育工作和大学生学校生活的重要组成部分，出版商务（文化媒介与版权经纪方向）专业（中法合作项目）始终坚持"以学生为本"的工作理念，以素质教育为统揽，提升学生综合素质。

文化管理系精心打造的校园文化活动"艺槌爱心拍卖会"就是以真实拍卖会为样例，模拟拍卖公司进行艺术作品拍卖。拍卖会现场聘请专业拍卖师与学生拍卖师同场竞技，邀请校内外人士共同参与，所筹善款全部用于慈善捐赠与爱心支教，结合专业教学为学生搭建实践创新平台，培养学生服务公益事业的社会责任感，全面贯彻实践育人、文化育人、组织育人的思政教学理念。

当前，根据党的"十九大"报告提出"高等教育内涵式发展"的新要求，文化管理系将进一步解放思想、创新合作，努力构建文化媒介与版权经纪创新人才培养体系，进一步巩固国际化"专本硕"联合培养项目，引进优质的境外教育资源，为学校的发展提供更为广阔的机遇和空间，努力打造一个办学理念更成熟、办学模式更新颖、办学手段更先进、培养国际化的文化媒介与版权经纪专业。

案例：引入国际认证 提升专业国际竞争力

随着我国经济发展水平的迅速发展，产业结构的优化进程也不断加速，产业结构升级的过程对人才培养质量提出了许多新的需求，也进一步丰富了高等教育的内涵和外延。高等院校是高级技术人才培养的摇篮，专业人才培养的质量关系到我国经济未来的发展。加强教育管理、提高教育质量，始终是教育工作者面临的重要课题。

专业认证是高等教育认证的重要组成部分，一般是由第三方的专业性认证机构对专业性教育学院及专业性教育计划实施的专门性认证，由行业协会和本专业领域的教育工作者一起进行，为相关人才进入本行业从业的预备教育提供质量保证，是高等教育质量得以保障和提高的一种有效途径。我国的高等教育专业认证尚处于起步阶段，而随着全球化趋势深入各个行业，引进发达国家成熟的专业认证机制，对提升我国高等教育专业教学管理水平，保障人才培养质量，获得国际认可具有重要意义。

ACCGC（The Accrediting Council for Collegiate Graphic Communications）即高等教育图像传播专业认证委员会，1986 年成立于美国，为针对高校图像传播类专业进行教学评估的第三方非营利性机构。其认证委员会由 11 名来自高校的教授和 8 名拥有丰富从业经验的行业专家组成,全部成员由董事会选举产生。ACCGC 组织根据自己的章程独立运作,其使命是提供可行、可靠且合理的认证标准,用以改善和提升高校图像传播专业办学水平。美国已有 16 所学校的印刷媒体相关专业通过 ACCGC 认证,在美国教育界和产业界获得广泛认可。2017 年 9 月,学校印刷媒体技术专业受邀成为中国印刷高等教育界首个接受参加 ACCGC 认证的印刷媒体类专业,并于 2018 年 10 月接受了 ACCGC 组织的现场评估。同时这也是该机构第一次对美国地区以外的印刷媒体类专业进行专业评估。评估包括教学理念、教学目的、教学设施、实验室建设、教学资源、课程设置、师资情况、学生情况和毕业生就业状况等多个方面。

通过高等教育国际认证,可以引入发达国家的人才培养质量保障体制,深化高等教育改革,推动专业建设的国际化进程,从外部对我国高等教育质量进行监控和保障,更是促进教育互信,提高教育国际竞争力的重要手段。我国印刷媒体技术类高等职业教育现状是学校多,分布广,专业发展极不平衡,但大部分院校的培养目标和课程设置却是一致的,没有根据专业的实际情况设置符合自身发

2018年10月16日至19日,学校印刷媒体技术专业接受了ACCGC组织的现场评估。

ACCGC是美国针对高校印刷专业进行教学评估的第三方机构。美国已有16所学校的印刷媒体相关专业通过该认证。

学校印刷媒体技术专业是我国第一个接受该认证的印刷媒体类专业。这是ACCGC第一次对美国以外的印刷媒体类专业进行专业评估。

图 5 - 3　印刷媒体技术专业接受 ACCGC 专业认证现场

展的合理教学目标；同时，专业课程教学内容较老，在某些方面极大地落后于行业发展，这些都需要通过专业认证，加强国际国内相关专业之间的交流，并在此基础上建立以学生为中心的教学质量监督反馈机制，全面提升教育质量，进而增强本专业高等职业教育的实力和国际竞争力。

案例："一带一路"背景下高等职业教育专业内涵建设改革与实践——以上海出版印刷高等专科学校印刷媒体技术专业为例

习近平总书记提出的"丝绸之路经济带"和21世纪"海上丝绸之路"的宏伟构想，为古丝绸之路赋予了新的时代内涵。"一带一路"以团结互信、平等互利、包容互鉴、合作共赢为核心，贯通中亚、南亚、东南亚、西亚等区域，连接亚太和欧洲两大经济圈，是国际合作的新平台。"一带一路"战略是国家作出的重大战略决策。高校教育作为为国家经济、社会提供人才支撑的教育类型之一，必须为"一带一路"建设提供强有力的人才支撑。

职业教育与"一带一路"建设联系密切，"一带一路"建设为职业教育发展提供了重要机遇。在我国高等职业教育"一带一路"合作进程中，由于各个国情不同，也遇到了一系列的问题，主要体现在多数"一带一路"沿线国家整体工业基础薄弱，教育水平较低，文化差异较大和语言沟通不畅等方面。我国近年来印刷行业发展迅速，国内印刷产业竞争加剧，逐步出现"供过于求"的状况。因此，配合国家"一带一路"战略，印刷企业也有向"一带一路"沿线国家深入发展的迫切需求。而阻碍中国印刷企业"走出去"的最大因素是人才的缺失，印刷高等职业教育必将担任起这一职责，为中国印刷企业在海外发展提供人才保障。

作为国内印刷媒体技术高职教育的旗帜，学校也从多个方面深化专业建设并加强课程改革，以适应新形势下的人才培养需求。

一、坚持办学特色，深化专业建设

上海出版印刷高等专科学校印刷媒体技术专业有着悠久的历史，开创了新中国印刷专业教育的先河，在60多年的发展中，累积了十分丰富的经验。专业始终秉承"依托行业，发展特色，立足上海，服务全国，放眼世界"的办学宗旨，建立以"部市共建"为基础，以政府为主导，以行业为依托，以校企为主体的紧密型深度合作的办学体制机制。坚持"大赛引领、全真训练、双证融通"的育人模式，走出一条具有中国特色，又能与国际兼容的高等职业教育改革发展的全新道路，为我国印刷行业培养更多具有国际视野的高素质应用型技能人才。

图 5-4　张淑萍担任上海申办世界　　　图 5-5　王东东荣获世界技能赛铜牌
　　　　技能大赛形象大使

二、引入先进机制，推进国际发展

　　上海出版印刷高等专科学校印刷媒体技术专业一直坚持国际化发展策略，经过多年的发展，已经与来自世界上多个国家的高校印刷媒体技术相关专业建立了合作关系，如俄罗斯莫斯科国立印刷大学、德国慕尼黑应用技术大学、美国罗切斯特理工大学和费里斯州立大学等。学校每年邀请来自合作院校的教授来校授课，开展联合教研活动，吸取发达国家的专业办学理念。

图 5-6　外国专家来校授课　　　　　图 5-7　国外学生来学校访学

三、坚持产教融合，实现共同发展

　　产业发展与职业教育是相互依存、相互促进的共同体，而坚持产教融合、校企合作是新形势下实现共同发展的最佳途径。学校印刷媒体技术专业和行业深入融合，而印刷产业结构的升级和转型也对专业发展提出了新的要求。学校成立校企合作理事会，加快现代校企深度合作工作站的建设，进一步促进专业和行业的紧密融合。雅昌集团、中华商务、裕同印刷和上海界龙等一系列国内印刷行业的龙头企业都纷纷与学校达成合作意向。

图 5 - 8　校企合作理事会揭牌

四、鼓励国际交流,培养师资队伍

国际化教育办学道路的关键一项是走出去,引进来,满足"一带一路"沿线国家对懂外语、会沟通、有专业技能的人才的大量需求,从而推动人才国际化发展。高职院校的国际化双师队伍建设过程中,具有国际化视野又具有专业化能力的教师队伍,才是今后培养国际化人才的必由之路。为了进一步推动"一带一路"印刷职业教育的发展,印刷媒体技术专业建设过程中十分重视骨干教师的培养,鼓励青年教师多参加国际交流,在开阔眼界、提升技能的同时,加强自身的语言表达能力,并迅速融入新的环境。近年来,绝大部分专业教师都参加了学校组织的国外短期学习活动,部分青年教师受到全额资助,赴美国和欧洲发达国家访学。

图 5 - 9　与国外高校领导、教师交流

五、结合行业需求,开发双语课程

结合"一带一路"沿线国家行业发展水平和对人才的需求,建设符合他们发展的课程体系也是一项重要的任务。印刷媒体技术专业组织多名青年骨干教

师,开发了一套印刷媒体技术专业中英文双语在线学习课程,整套课程包括六门专业课程和六项虚拟实训,以及一个基于世界技能大赛标准的"印刷媒体技术知识库",具体内容如下表所示:

专 业 课 程	虚 拟 实 训	印刷媒体技术知识库
印刷色彩基础与应用	平版胶印机虚拟实训	健康、安全与环保理念
印刷物料检测与选用	凹版印刷机虚拟实训	印前技术
平版印刷机结构与调节	柔性版印刷机虚拟实训	平版胶印
数字印刷技术与应用	丝网印刷机虚拟实训	设备保养
印刷质量控制与标准化	数字印刷虚拟实训	印后加工
印刷生产现场管理	印后加工虚拟实训	

其中,每个模块都有中英文的课程描述、学习目标、课程内容和教学视频等,通过这一系列课程的学习,可以较全面地掌握印刷媒体技术专业的基本理论知识,这为推动学校印刷媒体技术专业的办学国际化提供了保障。

图 5 - 10　双语课程界面

六、联合行业协会,编写培训教材

行业协会是行业发展的保障组织,为了更好地推动"一带一路"印刷职业教育的发展,为中国印企走向世界提供助力,学校积极与中国印刷技术协会合作,贡献自己的力量。2018 年 5 月,由中宣部组织,中国印刷技术协会牵头,国家"丝路书香工程"出版印刷人才培养项目的培训教材编写工作在学校启动。学校努力整合各类优势资源,组织精兵强将,开展"丝路书香工程"出版印刷人才培养教材编写及其他项目建设工作,并于 2018 年 9 月完成英文版培训教材的编写。

图 5-11　学校参与"丝路书香工程"出版印刷教材编写工作

随着教材的正式出版，"丝路书香工程"出版印刷人才实训项目也正式拉开了帷幕。2018 年 9 月，"丝路书香工程"出版印刷人才南亚实训基地在斯里兰卡挂牌；12 月，该项目非洲实训基地在纳米比亚挂牌。随着该项目的持续推进，必将不断增进中国与"一带一路"沿线国家在出版、印刷及相关领域的深度合作。

图 5-12　"丝路书香工程"挂牌仪式

七、重视对外交流，援助友好国家

印刷教育跟着印刷产业走，印刷职业教育也要与国家经济利益和经济政策相伴随。随着中国印刷装备走出去的步伐不断加快，国际产能合作日益深化，这将有效拉动有关国家对印刷技能人才的需求，为我国印刷媒体职业教育院校到境外办学提供重要机遇。学校经过多年的建设和发展，印刷职业教育办学经验更加丰富，优势更加明显。印刷媒体技术专业结合自身办学特色，在境外帮助"一带一路"沿线国家开展现代职教工作；同时与走出去的中国印刷企业共同设立境外工作站，对接境外印刷职业教育和职业培训需求，为当地培养新一代印刷产业工人。

自 2014 年学校在巴基斯坦建立海外工作站以来，已经为巴方提供多次专业技术培训服务,主要包括印刷材料、工艺和质量基础理论,设备的规范化操作和印刷标准化等当地紧缺的相关专业知识。

图5‑13　"一带一路"沿线国家人员来学校访问并接受培训

　　由于学校在世界技能大赛上的优秀表现以及技能培训领域影响力的不断提升,越来越多的国际同行院校慕名来校,进行学习交流。2017年,学校受邀参加哈萨克斯坦教育部交流会,共同探讨双方在职业教育领域内的合作。2018年,哈萨克斯坦阿拉木图印刷学院专门派出将代表哈萨克斯坦国家参加第45届世界技能大赛印刷媒体技术项目的两名候选学生选手,赴学校进行"印刷媒体"项目技能培训。学校教师始终坚持"以世赛标准培训,以世赛规则要求,与世赛无缝衔接"为宗旨,确保高质量、高水平、高标准完成此次培训任务。课程结束后,学校培训教师敬业精神与精湛的业务水平赢得了哈萨克斯坦世赛选手们的高度评价。

图5‑14　国际同行院校交流

　　近年来,学校还为埃塞俄比亚等国家培训印刷行业职工两批,并派遣骨干教师赴孟加拉国培训当地职工、教师两次等。学校在"一带一路"沿线国家印刷职业教育扶持工作过程中,也总结了一套较为可行的实践经验,为进一步促进我国印刷企业的国际化发展打下基础。

八、进行专业认证，加强复制推广

为了进一步促进国际化办学，学校还积极引入专业国际认证。2017年9月，学校印刷媒体技术专业受邀参加ACCGC认证，并于2018年10月16—19日接受了ACCGC组织的现场评估。这也是该组织第一次对美国地区以外的印刷媒体类专业进行专业评估。在一年多的建设过程中，从专业定位、团队建设和人才培养等各个方面不断优化专业的内涵，并极大地推动了专业的制度化和规范化建设。

图 5-15   ACCGC 现场评估

考虑到全球区域经济、文化发展不平衡，再加上历史和民族因素，很多发展中国家的印刷媒体技术类相关专业没有能力或者不愿参与现有的由发达国家主导的国际专业认证。国家教育部也在近年发出"推进共建'一带一路'教育行动"的倡议，强调"实现沿线各国教育融通发展、互动发展"，提出协力推进"'一带一路'教育共同体"建设。发挥中国智慧、贡献中国方案、发挥中国作用、体现中国担当，牵头构建"一带一路"行动中的印刷媒体技术职业教育认证体系，能有效解决"一带一路"沿线国家高等职业教育培养的专业人才在区域分布存在的问题，从而为共建"一带一路"提供人才支撑。因此，以国家"一带一路"建设为契机，推动我国印刷媒体技术职业教育认证体系的构建及其国际化，也是学校印刷媒体技术专业深化内涵建设的迫切需求。

 案例：助力上海获得 2021 年世界技能大赛举办权

阿布扎比当地时间2017年10月13日，经世界技能组织全体成员大会一致决定，2021年第46届世界技能大赛在中国上海举办。第46届世界技能大赛申办形象大使、第43届世界技能大赛印刷媒体技术项目银牌获得者学校教师张淑萍,学校中高职贯通学生萧达飞分别在大会上作了现场陈述。世界技能大赛申办的成功,意味着上海将为世界奉献一届富有新意、影响深远的世界技能大赛。届时,世界各地和中国的技能人才将汇聚上海,共同切磋技艺、学习技能、崇尚技能、提升技能的氛围将更加浓厚,也将深刻影响上海和中国。

　　世界技能大赛一直被誉为"世界技能奥林匹克",其竞技水平代表了当今职业技能发展的世界先进水平。而上海出版印刷专科学校的学生,从2013年王东东作为中国第一位"印刷媒体技术"项目的选手并拿下铜牌,到2015年张淑萍在"印刷媒体技术"项目中拿下银牌,连续两届世界技能大赛中,上海版专实现了一步一个跨越,这样的成绩得到了行业内外人士的高度赞扬。不仅为学校争得荣誉,更是增强了中国在国际舞台上的自信力。可以说,上海版专的印刷技术水平代表了中国先进水平。

图5-16　尹蔚民接见学校学生张淑萍、萧达飞

　　自国家人力资源和社会保障部代表中国宣布申办2021年第46届世界技能大赛意向并推出上海作为承办城市以来,版专高度重视,精心组织并协助完成相关的申办准备工作。

　　在世界技能组织考察团对上海申办大赛筹备情况考察期间,张淑萍作为世赛申办形象大使,代表上海广大青年进行了演讲,她因技能改变人生,如今走上职业培训讲台的故事感动了考察评估团官员。

　　学校校长陈斌受邀出席2017年中国国际技能大赛和技能与发展国际研讨

会(简称"一赛一会")。他介绍了学校如何将教育教学改革与技能大赛紧密结合,通过汲取技能大赛内容和标准对原有教学项目进行改造,提炼、转化为教学项目,不断补充和完善项目课程教学,推广竞赛内容的普及化教育。同时版专还选派工作人员积极参与一赛(上海赛区)的组织协调工作,得到境外嘉宾高度赞扬和充分肯定。

在准备申办报告和陈述方案期间,版专全力支持和配合相关部门在充分借鉴国内外重大赛事申办经验的基础上,认真组织开展陈述方案制订、陈述词起草、宣传片制作等准备工作。

同时,学校一直以来对于英语教学非常重视,并为学生创造了良好的英语教学环境和氛围,鼓励学生积极学习英语从而紧跟世界最新的行业理念。正是在这样的教学理念下,萧达飞和张淑萍打好了扎实的基础,因而在世赛申办陈述时他们的英语能力才显得格外出众,为上海、为中国争取申办世界技能大赛举办权增添了一份底气与自信。

张淑萍和萧达飞沉稳、自信的现场陈述给在场以及镜头前观看的每一位观众都留下了深刻的印象。然而短短几分钟精彩的陈述背后凝聚的却是两位陈述人数月刻苦的练习与付出,更离不开上海出版印刷高等专科学校的支持与配合。

这个团队有着像薛克这样在印刷业拥有20多年一线工作经验的高级技师,他丰富的印刷技术经验是无可取代的宝贵财富;李不言,机械工程专业出身的硕士研究生,不仅对印刷机械了如指掌,而且拥有扎实的理论基础与外语能力;朱道光顾问,长期从事印刷实训工作及校企合作工作,同时有着出色的组织与统筹协调能力;同时,还有王东东、张淑萍,两位世界技能大赛的获奖者,对世界技能大赛有着最直观的体会与认识。

上海版专着力打造"专兼结合、动态组合、校企互通"的专业教学团队,"双师型"队伍建设加速驶入快车道。目前,学校已拥有国家级教学团队1支,国家级教学名师1名,上海市级教学团队12支,上海市教学名师3名,具有"双师"素质的专业教师比例也高达90%以上。同时,上海版专每年还会投入150万资助学校老师出国学习,加上每年暑期学校送到国外学习的学生,这些老师和学生都将成为上海版专世赛团队最重要的储备力量。

为了更好地与国际接轨,学校已经与世界30多个国家和地区的高等院校、跨国公司、行业组织建立了合作与交流关系,遍布主要发达国家,积极引进国外先进职业教育理念及优质职业教育资源,在引进世界名校来上海版专参加合作办学的同时,学校对于拓宽本校师资的国际视野更为重视。提升了教师的业务水平和国际交流能力,也利于更好地引导学生开拓视野,指导学生的国际交流项目,把握行业前沿进展,为培养学生参与国际竞争奠定良好的基础。

图 5－17　陈斌校长参加上海申办 2021 世界技能大赛系列活动

6. 服务贡献

6.1 科 学 研 究

6.1.1 科研项目立项情况

2018年度学校科研项目立项成果显著,主要表现在三个方面。首先,传统重点项目继续保持优势:获教育部高校示范马克思主义学院和优秀教学科研团队建设重点项目1项;获上海市"晨光计划"项目2项,连续7年实现申报项目全部立项;1个项目获批上海市艺术科学规划研究项目;1个项目获批上海市教育科学研究项目;1个项目获得上海市科协项目立项。其次,省部级重点实验室建设项目取得突破:由学校陈斌校长组织申报的国家新闻出版广电总局新闻出版业科技与标准化重点实验室"柔版印刷绿色制版与标准化实验室"在年度建设中获得优秀实验室称号。第三,特色项目立项取得进展:本年度学校教师首次获得上海市哲学社会科学研究项目,学校为近5年来上海市高职高专院校唯一获得此类课题的学校;同时首次获得上海市教育委员会文教结合项目资助。

表6-1 2018年学校纵向项目一览表

序号	部 门	负责人	项 目 名 称	项目类别	项目来源	立项时间
1	思政教研部	马前锋	高职高专院校思想政治理论课教师队伍建设	教育部高校示范马克思主义学院和优秀教学科研团队	教育部	2018-08-21

续　表

序号	部　门	负责人	项目名称	项目类别	项目来源	立项时间
2	教务处（高等教育研究所）	孟仁振	大师工作室与现代学徒制相结合的高技能人才培育路径研究	上海市教育科研项目	上海市教育委员会	2018-08-06
3	艺术设计系	吴　昉	上海手工艺的现代转化研究：从小白宫到大世界	上海市哲社规划一般项目	上海市哲社办	2018-11
4	出版与传播系	刘　芳	流动空间中一块优雅的断片：上海老建筑空间	上海市艺术科学规划一般项目	上海市文广局	2018-11
5	规划与科研处	罗尧成	高职院校教师"校企双聘"用人机制的政策保障研究	法学人才项目	上海市教育委员会	2018-04
6	艺术设计系	蒋　璟	上海 Art Deco 风格纹样的符号价值应用研究	晨光计划	上海市教育委员会	2018-01-01
7	印刷包装工程系	崔庆斌	基于 SAVER 对电商快递包装过程监控的职能优化设计	晨光计划	上海市教育委员会	2017-12-15
8	影视艺术系	李艾霞	中欧儿童绘本国际创新艺术工作室——绘本借阅图书馆与绘本工作室结合的文创平台	文教结合项目	上海市教育委员会	2018-07-01
9	思政教研部	陈　挺	职业素养视域下高职思政课实效性研究	上海市学校德育实践课题	上海市学生德育中心	2018-01-01
10	规划与科研处	张耀军	基于关怀理论的非暴力沟通在辅导员专业化中的应用研究	上海市学校德育实践课题	上海市学生德育中心	2018-01-01
11	学生工作部（处）（就业办、校友办）	贾洪岩	网络舆情背景下高校"微思政"模式探析	上海市学校德育实践课题	上海市学生德育中心	2017-12-22
12	出版与传播系	王贺桥	新媒体视域下上海高职院校网络育人多主体协同教育体系研究	上海市学校德育专项课题	上海市学生德育中心	2018-09-11

续　表

序号	部　门	负责人	项目名称	项目类别	项目来源	立项时间
13	教务处（招生办）	吴娟	高职院校思政教育融入体育教学协同育人机制研究	上海市教育委员会学校体育科研课题	上海市教育委员会	2018 - 07 - 02
14	学生工作部（处）（就业办、校友办）	孔鹏皓	新时代主题动漫出版的德育功能研究	国家新闻出版广电总局规划发展司专项委托课题	国家新闻出版广电总局规划发展司	2018 - 09 - 01
15	党委（校长）办公室（外事办）	王丹	调研上海公共阅读场所,服务政府扶持决策	上海市新闻出版局专项委托课题	上海市新闻出版局	2018 - 09 - 21
16	党委（校长）办公室（外事办）	陈斌	柔印废渣处理与柔版印刷质量分析研究项目	助力杨浦区2018中国科协创新驱动助力工程项目	上海市杨浦区科学技术协会	2018 - 03
17	党委（校长）办公室（外事办）	周国明	柔版印刷质量检测评价与黑色废渣处理研究	国家新闻出版广电总局数字出版司项目	中共中央宣传部数字出版司	2018 - 01
18	印刷包装工程系	孙浩杰	气体组分分析激光增强拉曼仪研发	上海市军民融合专项项目	上海市经济和信息化委员会	2017 - 12
19	出版与传播系	靳琼	创新一体化数字出版平台,提升行业服务能力	上海市新闻出版局专项课题	上海市新闻出版局	2018 - 09 - 01
20	出版与传播系	曹蓓蓓	"互联网＋"时代下的上海市数字出版产业发展研究报告	上海市科协课题	上海市科协	2018 - 04 - 20
21	思政教研部	马前锋	高校马克思主义学院内涵提升建设		上海市教委	2018 - 03 - 28
22	思政教研部	马前锋	高校思政课名师工作室培育项目		上海市教委	2018 - 04 - 30
23	出版与传播系	姜波	传统与现代的碰撞——《网络媒体策划》课程混合式教学的设计与实践	上海市高等教育学会年度课题	上海市高等教育学会	2018 - 10 - 25

序号	部　门	负责人	项 目 名 称	项目类别	项目来源	立项时间
24	规划与科研处	张耀军	新媒体视角下高校辅导员话语体系建构研究	上海市高等教育学会年度课题	上海市高等教育学会	2018 - 10 - 19
25	印刷包装工程系	秦晓楠	地域文化融入课程思政教学实践的思考——以产品包装设计课程为例	上海市高等教育学会年度课题	上海市高等教育学会	2018 - 10 - 19
26	影视艺术系	李　灿	以"工匠精神"为引领的高职职业素养教育研究	上海市高等教育学会年度课题	上海市高等教育学会	2018 - 10 - 19
27	教务处（招生办）	郭扬兴	基于诊改理念的高职院校教学预警机制构建研究与实践	上海市高职高专教学研究会年度课题	上海市高职高专教学研究会	2018 - 05 - 18
28	纪委（纪监审办公室）	石利琴	基于供给侧改革理念下的高职院校工会工作创新与实践	上海教育系统工会理论研究会课题	上海教育系统工会理论研究会	2018 - 05 - 04
29	印刷包装工程系	秦晓楠	课程思政视域下融入地方文化特色的包装设计教学初探	上海市教委高校青年教师优青计划	上海市教育委员会	2018 - 07 - 18
30	印刷包装工程系	申　振	微平台下高职院校广告设计与推广课程模式探讨与研究	上海市教委高校青年教师优青计划	上海市教委	2018 - 10 - 01
31	印刷包装工程系	王守印	课程思政改革要求下高职高专院校《形势与政策》课程建设研究	上海市教委高校青年教师优青计划	上海市教委	2018 - 03 - 30
32	影视艺术系	姚瑞曼	思政教育融入高校创新创业课程同向同行培养研究	上海市教委高校青年教师优青计划	上海市教委	2018 - 07 - 17
33	艺术设计系	郑丹彦	通过"非遗进校园"提升大学生文化自信	上海市教委高校青年教师优青计划	上海市教委	2018 - 07 - 17

6.1.2　科研成果实现稳步增长

2018 年全校教职工共发表论文 250 篇,论文总篇数较 2017 年增长近 30%,

达到历史最高水平;其中核心及以上论文 143 篇,较 2017 年核心论文数增加近 6％。2018 年度学校教师共计出版著作教材 20 本,获得专利授权 36 件,其中发明专利 5 件。另有其他类型科研成果(含艺术作品)及获奖 47 项。

6.1.3　服务社会能力明显增强

通过承接横向项目开展科技服务是高职高专院校科研工作的重要组成部分,也是深化校企合作,提高学校社会服务能力的重要举措。2018 年学校通过完善科技考核制度建设,积极开展面向社会的科技服务工作。通过学校资源的有效整合,2018 年度,全校教师先后与 69 家企事业单位签订了近 90 份技术服务合同,涉及技术开发、技术咨询、社会培训等多个方面,合同总金额 336 万元,到款金额为 285.33 万元,较 2017 年增长 57％,达到历史最高水平。服务对象涵盖中小企业、政府部门、大型企业、事业单位等,服务内容拓展到文化产业培训、前沿科技攻关、互联网技术支持等,取得了广泛的社会影响。

表 6-2　2018 年学校横向科研项目一览表(部分)

序号	项　目　名　称	负责人	合同金额 (万元)	到款金额 (万元)	来款(委托)单位
1	财务类在线课程	张　静	5.6	5.6	上海觉志教育科技有限公司
2	办公空间室内设计方案施工图	于文汇	5.3	5.3	欢形多媒体科技(上海)有限公司
3	企业宣传片	李　灿	6	6	上海施彼伦教育科技有限公司
4	单款茶叶包装的整体设计方案	肖　颖	10	5	厦门创业人环保科技股份公司
5	《慧爱家庭》节目联合摄制	王正友	20	20	上海麟锐文化传媒有限公司
6	《柔性版制版过程控制要求与检测方法》标准制订	孔玲君	20	20	中国印刷技术协会柔性版印刷分会
7	上海数字传媒产业发展研究	王　胜	8	6.4	上海市计算机软件技术开发中心
8	印刷质量技术文件制定	潘　杰	8.55	8.55	上海纺印利丰印刷包装有限公司

续　表

序号	项目名称	负责人	合同金额（万元）	到款金额（万元）	来款（委托）单位
9	《人水之间——朱家角·2018展》画册的设计与制作	赵志文	7	7	上海芮联文化传播有限公司
10	产品自动包装机创新设计	潘杰	10	10	上海万通印务有限公司
11	清洁生产设备改造技术服务	潘杰	9	9	上海九星印刷包装有限公司
12	柔版制版行业现状调研报告	申振	4.9	4.9	上海印刷技术研究所有限公司
13	2017年上海市新闻出版产业报告	宗利永	5	5	上海市新闻出版局
14	上海市人力资源与社会保障局书画作品展示活动	张俊	10	10	上海巍世理邦文化传播有限公司
15	"关爱功臣"项目设计	张页	5	5	上海庚申文化传播有限公司
16	传统文化上海品格宣传片	孙蔚青	5	5	上海醍群教育科技有限公司
17	中国文化遗产研究院院藏古建图纸后期数据处理	顾萍	5	5	上海赛图图像设备有限公司

案例：上海出版传媒研究院内涵建设成果显著

　　学校上海出版传媒研究院定位于上海市级的出版传媒专业研究机构，在国家新闻出版署和上海市委宣传部的指导下，由相关高校、研究机构及相关行业协会等单位共建。研究院通过申报与承接政府出版传媒类研究课题，开展对出版传媒业现状以及发展趋势的研究，开展对于行业龙头企业的发展战略咨询，完成上海市新闻出版局等政府行业主管部门委托的各类项目，为政府和业界提供全方位的决策咨询和智力支持。

　　2018年度上海出版传媒研究院在科研项目、学术交流合作和智库产出方面取得了显著成绩，为进一步推进学校的内涵建设奠定了坚实基础。

（一）科研项目

2018 年，上海出版传媒研究院大力推进"出版传媒技术技能型院校产教融合示范项目"（上海市文教结合项目）建设，致力于提供高质量的智库产出，打造上海出版传媒研究院作为应用型高校智库平台的功能。研究院在继"出版传媒教育改革与前沿理论"上海高校服务国家重大战略出版工程资助项目出版的《网络危机舆情演化仿真与沟通问题研究》专著之后，又完成一本专著《图书在线评论对销售绩效的影响机制研究》的出版工作；一篇学术论文入选中国社会科学院创新工程学术出版资助项目支持的《统计学学科前沿研究报告》；在《中国教育报》《东方教育时报》、浙江教育报刊社"求智巷"等报刊、媒体上发表专业评论文章近 20 篇；在"知识服务与出版创新"专题研讨会上发布一份研究报告《亚马逊中国童书网络口碑研究》；研究院工作人员负责完成一项国家社会科学基金重点项目子课题，并作为核心成员（排序第三）完成国家社会科学基金重点课题结项，结项等级为"良好"。

（二）学术交流与合作

依托文教结合项目，上海出版传媒研究院同有关系部联合举办 3 次有影响力的学术活动和会议："出版传媒协同创新研讨会"、"后阅读时代"出版技术与人才培养研讨会、"知识服务与出版创新"专题研讨会。"出版传媒协同创新研讨会"会议主题聚焦于"智库建设与专业发展"，邀请产学研三方专家围绕"出版传媒智库建设定位与发展路径""出版传媒领域研究热点与发展前瞻"和"出版传媒智库研究与学科专业建设"等相关议题，探讨上海出版传媒研究院的未来发展方向和定位。2018 年 10 月 5 日，举行"后阅读时代"出版技术与人才培养研讨会。来自南京大学、复旦大学、上海大学、上海师范大学等高校的专家学者，《出版发行研究》《编辑之友》《现代出版》《出版与印刷》等新闻出版类期刊主编、编辑，以及校内领导、研究人员近 40 人参加。2018 年 11 月 14 日举行"知识服务与出版创新"专题研讨会暨研究员聘任仪式，此次研讨会是推进上海出版传媒研究院 2018 年度公开招标课题实施的一个重要环节，上海社科院研究员花建教授等 5 位专家被聘为上海出版传媒研究院特聘研究员，浙江大学博士生导师、副教授吴赟等 8 位学者被聘为上海出版传媒研究院的兼职研究（人）员。2018 年上海出版传媒研究院共聘任校外特聘研究员 6 名，校外兼职研究员（或兼职研究人员）7 名，校内兼职研究人员 18 名，加强研究院的研究队伍建设。此外，研究院的研究人员还立足出版行业，加强与世纪出版集团、辞书出版社、上海新华传媒连锁有限公司等企业的项目合作和交流。

　　上海出版传媒研究院完成 2018 年度招标课题申报、评审、发布工作。2018年 7 月 12 日举行"出版传媒智库招标课题选题及成果编撰讨论会",确定了2018 年度上海出版传媒研究院公开招标课题的研究方向和成果编纂的呈现形式、分工进度等。2018 年 8 月,发布招标课题申请公告,来自国内多所高校及企业研究机构的 30 多位相关申请人积极填报招标课题预申报表,并撰写提交课题申报书。上海出版传媒研究院对申报人员进行资格审查,组织专家匿名评审,将评审结果汇报主管领导审定同意,最终批准 10 个课题立项。

图 6-1　上海出版传媒研究院系列活动

(三) 智库简报发布

　　以"洞悉行业前沿,服务科学决策"为宗旨,结合出版传媒领域特点和上海出版传媒研究院的智库服务特色,发挥兼职研究人员信息翻译、搜索、分析等能力,2018 年 8 月推出《出版传媒前沿动态简报》,起到"信息过滤"和"信息集成"的作用。《出版传媒前沿动态简报》立足于出版传媒行业研究,通过对国际相关领域的资讯类网站、专业网站、政府网站等信息进行信息精选和二次整理,对出版传媒领域的学术信息和产品信息进行趋势分析,为用户提供"及时、精炼、专业"的信息导航和知识服务。《出版传媒前沿动态简报》目前设有五大核心栏目,关注学术/专业出版、大众出版、教育出版等主题,同时根据每期的具体需求,增减若干机动栏目。栏目主要内容有：环球视野栏目关注国际学术机构、资讯网站的新闻资讯内容,国际上的有关出版传媒研究的权威人士对于政策的解读,国家之间的合作交流,最新发布的产品、技术应用信息以及一些其他相关的资讯内容；出版前沿栏目关注国外的出版传媒研究成果以及国外与出版传媒相关的重大研究报告导读；学术会议栏目关注国内外权威会议信息,以及将要举行的会议预告；专家视点栏目关注权威专家(含网络发布及上海出版传媒研究院邀请)关于当前热点、未来发展的观点、看法；趋势分析栏目关注学术热点的文献计量学分析以及 CNKI 数据库的定期数据分析,主要分析学科的研究热点趋势等。简报内容经过再次精选编辑后在"上海出版传媒研究院"微信公众号发布。在使用户受益的同时,简报的推出也培养了研究人员自身的信息检索、信息评价、编译整理等能力以及对信息的敏感度,形成了提高研究人员信息素养能力的有效机制。

图 6-2　上海出版传媒研究院相关研究成果

6.1.4　搭建科技创新平台

（一）协同创新平台积极搭建。与上海市新闻出版局、中国新闻出版研究院、上海理工大学等单位共建上海出版传媒研究院；与中国印刷及设备器材工业协会共建中国出版印刷行业发展研究中心；与上海印刷技术研究所共建上海市印刷行业技术服务中心；与上海理工大学、张江数字出版集团等共建"现代印刷媒体技术"上海高校工程研究中心；协同上海理工大学获批原国家新闻出版总署"国家数字传播科学重点实验室"和"国家数字印刷工程研究中心"；与富林特(油墨)上海有限公司、上海印刷技术研究所联合,成功申报"柔版印刷绿色制版与标准化实验室",为原国家新闻出版广电总局首批新闻出版业科技与标准重点实验室。这些协同创新平台的搭建以及相关科技成果的产出,为行业、企业提供了高端技术支持。

（二）科技服务团队不断打造。在原国家骨干高职院校培育的 20 余支科技团队的基础上，学校形成五大科技研究方向，涉及出版传媒产业发展与战略、文化创意与新媒体技术研发、现代出版印刷规范与标准化、印刷设备与工艺研发、出版传媒教育与培训，全校骨干科技教师均纳入相关团队之中，为培育学校特色的科技服务方向、形成科技服务品牌打下了良好基础。

（三）应用科研成果不断涌现。学校坚持服务地方经济社会发展，充分发挥学校人才、技术和资源优势，主动对接行业发展需求，取得了良好成绩。学校独立承担的"数字版权保护技术研发工程"国家重大科技工程项目——"光全息水印技术应用研究"于 2016 年底顺利通过验收；"柔版印刷绿色制版与标准化实验室"被评为国家新闻出版署 2017 年度优秀新闻出版业科技与标准重点实验室，其建设成效得到政府主管部门及业内专家的高度认可。此外，还获批原国家新闻出版广电总局重点课题、国家新闻出版改革项目以及一批教育部人文社科项目等有影响力的科研项目，在全国及上海高职高专院校中处于前列。

6.2　社会人才培养

6.2.1　加强职业技能培训，全面提升学生从业能力

在每年制订（修订）培养方案的过程中，各专业注重实现专业与行业（企业）岗位对接，明确"职业面向及职业能力要求""专业核心能力"以及"能力证书考证要求"（包括职业资格证书）。在国家进一步减少和规范职业资格许可和认定事项的局面下，学校 2018 届 2 078 名毕业生，获得"双证书"的比例仍然达到 79.3%。

2018 年学校采取校企合作、校内各实训中心培训等形式，进行电子商务师、广告设计师、图形图像处理、网页设计、形象设计师、多媒体作品制作员、会展策划师、维修电工、出版专业职业资格、会计从业资格证、NUKE 证等职业技能培训，完成 1 539 人/次、6 项高级职业技能培训；183 人/次、2 项中级职业技能培训；55 人/次、1 项初级职业技能培训；50 人/次、2 项无等级职业技能培训。通过职业资格证书培训，借助高技能人才培养基地平台开展专业技能型人才培养工作，以特色专业建设带动行业发展的校企合作长效机制，不断推动学校的教学改革，优化课程设置，提高学生的实践动手能力，提升学校人才培养质量。

6.2.2　积极开展社会服务，为企业、行业、社会培养人才

　　学校充分发挥高水平师资和实训中心软硬件优势，积极为行业（企业）开展职工在职培训。学校组织操作员工理论强化培训班，平面设计技术项目、印刷媒体技术项目、平版制版高级师资研修班，教学诊改及教学成果奖凝练及经验推广高级师资研修班，文化创意产品设计及 3D 打印技术高级师资研修班，一站式产品包装设计全流程高级师资研修班，上海课程思政班等项目近 2 000 人、21 000 余人/次培训。同时，学校深化拓展与行业协会的联系，发挥全国高职专师资培训基地的作用，努力提升培训层次。

　　学校进一步拓展服务社会的功能，全面提升服务社会的水平，于 2018 年 8 月举办新闻出版职业院校教育教学改革培训班，培训课程包括新时代下新闻出版职业教育文化育人体制机制建设，职业教育发展形势与课程思政建设，校企合作与高技能人才培养模式改革，职业教育的文化与城市发展，科技创新与产业融合，课题教学的情绪与压力管理等，总结、布置新闻出版职业院校高技能人才培养和专业内涵建设的相关内容。期间还赴钟书阁、雅昌（上海）艺术中心进行现场教学。这次专题培训，既着眼于深入学习贯彻习近平总书记关于职业教育和全国职业教育工作会议精神及全国新闻出版职业教育工作会议精神，推进新闻出版职业教育新一轮教学改革发展，弘扬新时代中国特色社会主义文化，弘扬"工匠精神"，铸造"大国工匠"，也立足于深化产教融合、校企合作，不断探索创新与专业结合、与新闻出版产业发展融合的模式。

表 6－3　学校 2018 年度行业、企业、社会培训统计表

日　　期	培　训　单　位	培　训　项　目	培训天数	人数	培训人/次
4 月	上海大学精英职业技术培训学校	2018 年操作员工理论强化培训班	18	625	11 250
4—6 月	上海市供水协会	水务人员技术技能培训	8	509	4 072
4—6 月	上海市职业技能鉴定中心	平面设计技术项目	60	6	360
4—6 月	上海市职业技能鉴定中心	印刷媒体技术项目	60	4	240
5 月	全国信息化工程师 NACG 专业人才认证办公室	平版制版（平面设计技术）高级师资研修班	2	25	50

日　　期	培　训　单　位	培　训　项　目	培训天数	人数	培训人/次
7 月	全国新闻出版教育教学指导委员会	新闻出版职业院校教育教学改革培训班	7	80	560
7 月	全国信息化工程师 NACG 专业人才认证办公室	教学诊改及教学成果奖凝练及经验推广高级师资研修班	6	32	192
7 月	全国信息化工程师 NACG 专业人才认证办公室	文化创意产品设计及 3D 打印技术高级师资研修班	8	18	144
8 月	全国信息化工程师 NACG 专业人才认证办公室	一站式产品包装设计全流程高级师资研修班	8	25	200
10—12 月	上海市供水协会	水务人员技术技能培训	8	498	3 984
12 月	北京炎培教育科技研究院	上海课程思政班	4	80	320
合　　计			189	1 902	21 372

6.3　依托新闻出版行指委，
深化教育领域综合改革

学校担任全国新闻出版职业教育教学指导委员会工作,秘书处设在继续教育部,承担行指委的日常工作,积极建立新闻出版行业人才需求调研机制、新闻出版职业教育专家库、数据库;注重加强校际交流,于 2018 年 8 月举办新闻出版职业院校教育教学改革培训班。

按照《关于高等职业学校专业〈教学标准〉修(制)订工作有关事项的通知》的文件精神,新闻出版行指委开展了首批新闻出版类和轻工类印刷类共 6 个专业的高职教学标准修(制)订工作。上海出版印刷高等专科学校、天津职业大学、湖南大众传媒职业技术学院、安徽新闻出版职业技术学院、江西传媒职业学院等高职院校以及上海市印刷协会参与修订工作。根据《高职教育专业教学标准》调研要求和参考模板,各院校注意教育与产业、学校与企业、专业与职业、教学过程与生产过程的有机对接,严格按照标准制订的工作原则和工作步骤开展工作,基本完成了标准的修订。2018 年 5 月顺利通过教育部对第一批 6 个专业教学标准的评审验收,11月正式启动第二批印刷媒体技术、图文信息处理、数字出版等3个专业的修(制)订工作。

2018年2月,根据教育部行指委办公室《关于开展〈行业人才需求与职业院校专业设置指导报告〉研制工作的通知》(教职所〔2018〕26号)安排,新闻出版行指委申请的数字出版行业人才需求与职业院校专业设置指导报告项目予以立项(项目编号:2018RCXQ10)。该报告旨在调整完善职业院校区域布局,科学合理设置专业,健全专业随产业发展动态调整的机制。

根据《教育部关于开展2018年国家级教学成果奖评审工作的通知》和《关于做好2018年职业教育国家级教学成果奖推荐工作的通知》的要求,新闻出版行指委组织开展了行业教学成果奖评选工作,共评选出2个特等奖,5个一等奖,7个二等奖。

新闻出版行指委按照教育部职业院校三年行动计划要求,在2018年按计划执行《数字出版行业人才需求预测与专业设置指导报告》《印刷装备实训教学标准》《印刷行业技术技能型人才需求调研报告》等三个项目的实施内容。

图6-3 第一批"高等职业学校专业教学标准"修订工作顺利完成

案例:2018年全国新闻出版行指委师资培训班在沪开班

为深入学习贯彻党的十九大精神,推进新时代下新闻出版职业教育新一轮教学改革发展,全国新闻出版职业教育教学指导委员会经总局人事司批准于2018年8月13—17日举办全国新闻出版职业院校深化产教融合提升内涵建设师资培训班(以下简称行指委师资班)。参加此次培训的有新闻出版行指委委员及来自近20个省市30多所院校的领导、专业带头人、骨干教师共50余名学员。

2018年8月13日上午,行指委师资班在上海锦江甸园宾馆举行了开班仪式,原国家新闻出版广电总局人事司教培一处处长张兆刚,上海市教委高教处副处长赵坚,新闻出版行指委副主任委员、上海出版印刷高等专科学校校长陈斌,新闻出版行指委副主任委员、上海新闻出版职业技术学校校长黄彬出席开班仪式。会议由新闻出版行指委秘书长、上海出版印刷高等专科学校常务副校长滕跃民主持。

陈斌首先代表承办单位致欢迎辞,他对新闻出版行指委各委员、各职业院校领导和教师的到来表示热烈的欢迎,同时向一直以来关心支持新闻出版职业教育和学校发展的各级领导和行业同仁表示诚挚的感谢。

赵坚代表上海市教委对来自全国各地职业院校的老师来沪参加本次培训表示欢迎。他进一步介绍了上海作为职业教育改革的排头兵在新一轮职业教育改革和技能人才培养上的经验、做法和取得的成绩,并希望通过行指委培训为新闻出版业转型升级、改革发展贡献新的智慧和力量。

最后,张兆刚代表总局对本次培训班提出了三点要求,希望各院校、学员能够以此次培训为契机,深刻把握办好新时代新闻出版职业教育的紧迫感,不断开创新闻出版职业教育工作新局面,进一步发挥好新闻出版行指委的指导推进作用,不断开创新闻出版高技能人才培养新局面。

开班仪式上,黄彬宣读了全国新闻出版职业教育教学成果奖获奖情况。

本次行指委师资班由上海出版印刷高等专科学校承办,围绕"内涵建设、文化塑造、产教融合、校企合作"主题展开培训,期间还结合 2018 年上海书展暨"书香中国"活动探讨育人培养模式。

6.4　为本地提供各类社区服务及志愿者服务

6.4.1　上海印刷博物馆——弘扬印刷文化、传播科学技术知识

印刷术和造纸术作为我国古代四大发明,是中国古代文化和科技史的重要篇章,集中体现了中华民族丰富的创造力和卓越的聪明智慧。造纸术为人类提供了经济、便利的书写材料,而印刷术更是极大程度地促进了文化的传播。今天,当人类社会进入多种传播媒体并存的信息时代时,印刷术仍然有着极强的生命力,仍然发挥着其他媒体所不可代替的信息与文化的传播功能。

为更好地传承古老灿烂的印刷文明,推广博大精深的印刷文化,作为首批上海高校民族文化博物馆、上海工业旅游博物馆、上海市爱国主义教育基地和科普

教育基地,上海印刷博物馆在 2018 年更加着重于发掘馆藏优质教育资源,策划组织、精心开展一系列科普活动,大力培养广大参观者的社会责任感、创新精神和实践能力,受到师生、家长、社会及中外友人的好评。截至 2018 年 11 月,博物馆共接待访客 8 879 人次,举办临时展览 4 场,流动展览 4 场。

2018 年 5 月全国职业教育活动周——上海高职院校"职业体验日"活动,让参观者可以通过对上海印刷博物馆的参观及互动体验,了解和感受千年印刷文化及社会文明的历史进程,通过对各种印刷材料的触摸、观察、辅助工具的使用等,既形象地了解印刷的复制原理,又可以动手操作,更好地发挥了职业启蒙作用,同时也推动更多人了解职业教育,进一步弘扬工匠精神。2018 年 5 月全国博物馆日、杨浦区科技节期间,通过上海印刷博物馆的参观及体验活动,参观者对古老的印刷文明有了形象而深刻的理解,感受到我国古代劳动人民的聪明才智,提升民族自豪感。2018 年 5 月 18 日国际博物馆日上海主会场的博物馆专列活动期间,在上海轨道交通 10 号线的博物馆专列上,上海印刷博物馆的基本信息得到了展示。当天晚上,上海印刷博物馆延长开放至 21:00,为市民及游客提供独特的夜间参观体验,并开展了"人民币印刷中的知识与体验"活动,吸引了市民及游客前来互动体验。除此之外,上海印刷博物馆积极参与杨浦科技节科技集市,在科技集市上展示了艺术鉴赏展示系统,这个系统通过硬件终端可以逼真地还原画作,让观众体验到原画的效果,在展示期间广受欢迎。

图 6-4　5·18 国际博物馆日上海印刷博物馆夜间开放活动

　　2018 年 5 月,上海高校博物馆育人联盟在上海市教委的指导下正式启动"上海高校博物馆藏品故事宣传项目"。上海印刷博物馆选取本馆有代表性的藏品,通过文字、图片介绍藏品和藏品背后的故事,由上海高校博物馆育人联盟编撰成"上海高校博物馆馆藏精品故事",使读者通过藏品走近高校博物馆;提供场馆基本信息、展品相关信息及其他音频视频等资料,由上海高校育人博物馆联盟联合佰路得信息技术有限公司开发"上海高校博物馆全域化信息共享互动平台"(AR 导览),利用最新的 AR 动画交互技术,多维度呈现展品信息,以音频、视频、动画等形式演绎展品故事,结合数字博物馆建设,打造一座永不闭馆的"线上高校博物馆"。同时,在 5 · 18 国际博物馆日期间,上海印刷博物馆参加了上海高校博物馆联盟与上海新闻广播《十万个为什么》节目组发起的"我在博物馆讲故事"活动,由博物馆馆长介绍馆藏资源,知名主持人讲述藏品故事,利用广播媒体、微信平台、阿基米德 APP 进行多维度传播,进一步提升博物馆知名度。

　　2018 年 6 月,上海印刷博物馆作为传承中华印刷文明的科普教育基地,参与了中国福利会少年宫"童心话中华 同享中国风"主题游园会的巡展。通过现场展示,通过实际动手操作,让参与活动的少年儿童及家长在充满了"穿越感"的情境中,更加形象具体地了解中国古老的印刷文明,充分学习到印刷术的发展历史,同时也能真正地感受到我国古代工匠精雕细琢、精益求精的精神品质。

　　2018 年 9 月全国科普日期间,上海印刷博物馆围绕"创新引领时代,智慧点亮生活"的主题,开展了一系列的科普活动。活动期间,共接待 2 000 余人/次,吸引了众多参观者到馆参观体验,充分感受印刷文明的魅力。博物馆的活动作为"全国科普日——上海分会场活动"的 5 场特色科普活动之一在网易平台上进行直播,上海直播主场的观看人数突破百万,大大提高了科普活动的传播力及知名度。上海印刷博物馆的科普活动获得 2018 年上海市"全国科普日"优秀活动。

　　2018 年 12 月,博物馆的雕版印刷体验项目作为学校特色参加了首届长三角国际文化产业博览会及全国职业院校传统技艺传承与发展研讨会。在长三角国际文化产业博览会上,学校获得了"首届长三角文博会优秀展示奖";同时,在全国职业院校传统技艺传承与发展研讨会中,学校被教育部文化素质专业指导委员会评为"传统技艺传承示范基地"。

图6‑5　科普日系列活动

6.4.2　职业体验日活动

2018年5月,以"职教改革四十年,产教结合育工匠的"第4届职业活动周暨2018年上海高职职业体验日活动在学校成功举办,学校作为承办"职业体验日"活动的高等院校之一,利用校内"世界技能大赛印刷媒体技术项目中国集训基地"的优势,为体验者们精心安排了印刷术探源——中华千年印刷文化之旅、印刷传媒新体验、4D影视体验服务、筑梦空间——创意中心、交互式3D虚拟增强现实体验和体验书籍装帧之美共计6个项目。中小学生体验者们通过图文并茂的展示、内容丰富的专业讲解、活泼有趣的亲身参与,对本次活动留下了深刻的印象。学校图书馆、印刷实训中心、影视艺术系、学生处、创意园区、组织宣传部、教务处、学校办公室、后勤保卫处、后勤服务中心等部门通力合作，广大学生志愿者辛劳付出，为本次活动的成功开展打下坚实的基础。

2018年的职业体验日活动，在往年活动的坚实基础之上，增加了新亮点：学校世界技能大赛的获奖选手和参赛选手与体验者近距离互动，通过交流比赛备赛经验和亲身指导体验活动的方式，让全市参加体验的中小学生加深对职业教育和工匠精神的理解。

通过本次的"职业体验日"活动，充分展现了学校的行业办学特色、办学条件、人才培养模式和社会服务能力，进一步凝练了学校的文化育人氛围，扩大了学校办学知名度，开阔了中小学生的职业视野，广泛地传播了"弘扬工匠精神，打造技能强国"、职业教育育英才的理念，增强了社会对职教人才技能培养和实践教学的直观认识，产生了积极而深远的影响。

表6-4　学校第4届职业体验日活动实施方案表

活动可开放日期	2018年5月6日；5月12—13日；5月19—20日			
体验对象年龄段	6—18周岁	活动总时长	91小时	
模　块	活动主题	每场可容纳的活动人数	活动地点	活动时间
模块一：职业体验	印刷术探源——中华千年印刷文化之旅	10人/场，共计24场，240人次	上海印刷博物馆	45分钟/场，每天6场，共计18小时
	印刷传媒新体验	10人/场，共计24场，240人次	印刷实训中心	45分钟/场，每天6场，共计18小时
	4D影视体验服务	30人/场，共计24场，720人次	实训中心三楼4D影厅	30分钟/场，每天6场，共计12小时
模块二：校园文化展示	筑梦空间——创意中心	50人/场，共计12场（仅上午开放），600人次	校图书馆五楼报告厅的侧厅	45分钟/场，每天3场，共计9小时
模块三：校企合作	基于交互式3D虚拟增强现实技术的K—12创客教育STEM数字化课程系统	10人/场，共计24场，240人次	校图书馆二楼	45分钟/场，每天6场，共计18小时

续　表

模　块	活动主题	每场可容纳的活动人数	活动地点	活动时间
模块三：校企合作	体验书籍装帧之美	10 人/场，共计 16 场(仅 5 月 13 日和 5 月 20 日，周六)，160 人次	上海版专校企合作实践育人基地(上海高校实践育人创新创业基地联盟——汇创空间展示中心)：上海市杨浦区长阳路 1568 号 3 号楼	1 小时/场，每天 8 场，共计 16 小时

6.4.3　志愿者服务

组织青年学生深入展览中心、纪念馆、学校等地，广泛开展了"学雷锋"、义务献血、义务讲解、义务支教等志愿服务公益活动，吸引了一大批学生志愿者参加，扩大了志愿服务的范围，提升了学校志愿服务工作的影响力。

表 6-5　志愿者 2018 年度各类活动和服务情况

时　间	地　点	活　动　项　目
3 月	本校	学雷锋活动
5 月	沪东工人文化宫	上海之春国际音乐节
5 月	上海展览中心	共青团上海市第 15 次代表大会
7—8 月	杨浦区	爱心暑托班志愿活动
8 月	上海展览中心	志愿服务上海书展的问询、引导，书籍导购、查询服务，会议安排与协调等工作
8 月	上海科技馆	上海市青少年人工智能创新大赛
9 月	本校	迎接 2018 级新生志愿服务活动
10 月	本校	建校 65 周年校庆系列活动
11 月	上海新国际博览中心	2018 中国国际全印展
11 月	本校	禁毒志愿活动
11 月	本校	爱心献血活动
12 月	上海中山公园	2018 上海国际女子 10 公里精英赛
12 月	本校	世界艾滋病宣传日

案例：践行志愿精神，勇担时代使命——我校志愿者出色完成2018年上海书展志愿服务工作

　　8月15日，以"我爱读书，我爱生活"为主题的2018上海书展暨"书香中国"上海周在上海展览中心正式拉开帷幕。本次上海书展主会场汇集了全国500多家出版社、16万余种精品图书，来自五湖四海的读者汇聚申城，共赴"书香之约"。

　　由学校出版与传播系54名学生组成的志愿者团队用礼貌耐心、热情温馨的服务为本次上海书展增添了一道亮丽的风景线，将我校学生连续多年参与上海书展志愿者工作的风采传承，也将我校学生的志愿者精神不断发扬。

图6-6　志愿者们在书展合影

　　我们的志愿者主要分布在总咨询处，东、西馆服务寄存处，序馆，中心活动区，西阳光蓬等岗位。总咨询处、序馆和中心活动区的"小橘子"们主要为广大读者提供咨询引导和答疑解惑服务；西阳光蓬经常有签售活动，这里的"小橘子"们除了完成本职工作之外，还需帮忙搬运、布置、打扫发布会现场；总服务台和东、西馆寄存处的"小橘子"们担任着"寄存员"的角色，为读者们寄存包裹并且回答他们的问题；还有一队"小橘子"被安排到友谊会堂分会场进行新闻发布会、读者见面会等活动的志愿服务。

图 6 - 7　总咨询处的志愿者为来询问的读者查询书籍

　　志愿者们奔波于上海展览中心的各个岗位,严格遵守工作纪律,团结友爱互帮互助,耐心细心地为读者们提供温暖细致的志愿服务,获得书展主承办单位领导和广大读者的一致好评。

图 6 - 8　序馆的志愿者正在为一位 91 岁高龄的老读者指路

　　书展期间,校长陈斌、常务副校长滕跃民及相关部门领导先后前往书展现场慰问我校志愿者及在书展参加实训的学生,对他们认真负责的工作态度和坚守岗位的辛勤付出表示肯定与赞赏,并鼓励学生抓住专业理论与社会实践相结合的志愿服务契机,努力提升专业素养。希望志愿者及在岗实习的同学们再接再厉、恪尽职守,圆满完成本次志愿服务工作。在场的同学们倍受鼓舞,表示将珍惜志愿服务的机会,用实际行动践行志愿者精神,以高水平服务奉献书展,同时也为学校增光添彩。据悉,在本次参展的各家出版社中不乏我校毕业生,他们当年亦有参与上海书展志愿者工作的经历,如今在出版行业继续耕耘的他们与我校年轻的志愿者共筑了出版专业学子的风采。

图 6-9　校领导与我校志愿者们合影留念

案例:心理倾听季系列活动

为广泛宣传普及心理健康知识,丰富心理健康教育形式,进一步塑造学生健康的、积极的心态,学校学生工作部(处)心理健康教育中心推出了"聆听花开的声音"为主题的倾听季活动。此次倾听季活动分为"快乐心语""青春版图"和"阳光同行"三个模块,旨在通过倾听、分享、合作来贴近和融入学生学习生活,引导学生形成积极向上的学习、生活态度。倾听季系列活动共开展了 11 个项目,如下表所示:

表6-6　倾听季系列活动一览表

序　号	活　动　名　称
1	印刷设备工程系开展"倾听学生心声 构筑阳光心桥"活动
2	出版与传播系开展"镜中的'我'流年似初遇"自画像活动
3	印刷包装工程系开展学生骨干校际交流活动
4	文化管理系组织开展"芳菲春意、心暖相聚"心理健康户外素质拓展活动
5	艺术设计系开展"画译心灵"心理健康主题教育系列活动
6	文化管理系组织"春日唤醒，律动心灵"心理健康主题系列活动
7	基础教学部组织开展"倾听 & 团结"心理健康主题班会
8	影视艺术系开展"阳光心理，温馨校园"心理电影展映活动
9	"大学生心理问题识别及辅导技巧"心理委员专题培训
10	"学习心理——通往学霸之路"心理委员培训讲座
11	"大学生积极心态的培育和养成"心理委员培训讲座

　　倾听季系列活动希望通过开展内容丰富、形式多样的宣传及教育活动，进一步加强和推进育德与育"心"相结合的学校教育工作，展现学校学生积极向上、青春洋溢的风貌，营造良好的校园文化氛围。

7. 校园文化

7.1 学生活动

近年来,学校弘扬办学特色,凝练"崇德弘文,笃行致远"校训。通过"启盈讲坛""四季两节"等系列活动,打造学校文化品牌,积极推进"学生社团繁荣工程"和"精品社团建设工程",促进校园文化繁荣。学校通过广泛开展各类有益于学生成长的群众性、大众化校园文化活动,对弘扬和培育社会主义核心价值观,激发广大学生学习、实践的积极性,教导学生养成优良品格、培育学生的高尚情操,增强校园凝聚力起到了很大作用。

表 7-1　2018 年度重要学生活动一览表(部分)

时 间	活 动 内 容
3 月	学雷锋系列活动
4 月	师生深切缅怀万启盈校长活动
	纪念邹韬奋清明祭扫活动
5 月	纪念中国共产主义青年团建团 96 周年暨五四表彰大会
	大学生艺术团管弦乐队首演
	高雅艺术进校园
	2018"织梦青春"上海大学生校园服装设计大赛
	2018"启影"上海大学生电影节
	"爱心义卖,我一直都在"毕业季特色公益活动
	首届"商英杯"英汉翻译大赛

续　表

时　间	活　动　内　容
6 月	"艺槌"爱心拍卖会
	2018 年"挑战杯"上海市职业学校创新创效创业大赛决赛
	第 13 届校园十佳歌手大赛
	2018 年毕业典礼
7—9 月	大学生暑期社会实践活动
10 月	建校 65 周年纪念日系列活动
	建校 65 周年文艺晚会
11 月	首届模拟求职大赛
	"新生杯"篮球赛
12 月	"新生杯"辩论赛

7.2　语言文字评估

2018 年 2 月 12 日,上海市语言文字工作委员会、上海市教育委员会正式发文给予上海出版印刷高等专科学校的语言文字工作合格的评估结论(本次评估为达标评估,不设其他等第)。

此次评估得到了校领导的高度重视和全校所有部门的大力协助。校长办公会专项讨论,并成立了语言文字评估领导小组,校长、书记都担任组长,全体校领导参与,从最大程度上给予评估工作以制度保障。全校所有部门深挖内涵,时刻不忘语言文字工作的重要性,积极主动提供准备评估材料,提供建设思路和建议。

专家组在 2017 年 11 月 28 日的现场评估检查基础上,对学校提供的各项材料给予了高度的肯定,充分肯定了学校的语言文字工作的特色、成绩与经验,同时总结出学校的语言文字工作的四个特点:认识到位,目标明确;建章立制,形成保障;融入教学,长效发展;培训测试,按序推进。这些对于学校继续深入开展语言文字工作都是鼓舞人心的。同时专家组在制定语言文字工作"十三五"发展规划、完善专项经费投入机制、加强语言文字工作宣传力度等方面提出宝贵的意见与建议。这些也为学校语言文字工作指明了方向。

　　学校语委会认真学习了上海市语委、上海市教委的文件,明确工作方向、鼓足工作热情,继续深入开展学校语言文字的各项工作,以语言文字工作为抓手,全面推进学校教学、育人工作。

图 7-1　语言文字评估活动现场及材料

8. 挑战与展望

　　近年来,学校以骨干校建设为契机,在办学体制机制创新、教育教学改革、师资队伍建设、教学实验实训条件建设、人才培养质量提升和社会服务能力建设等方面取得了显著成效。面对新时代和新任务,学校领导班子和广大教职工开始思考和谋划新的工作方向和任务。通过认真学习和深入思考,学校领导班子和广大教职工统一了认识,增强了进一步推进新闻出版技能人才培养工作、提升新闻出版职业教育水平的使命感和责任感,明确了学校的努力方向和主要任务。

　　第一,认真学习习近平新时代中国特色社会主义思想,贯彻落实全国教育大会精神,将立德树人摆在人才培养的首要位置。在学校已有建设成果基础上,深入推进课程思政改革,实现全员育人、全过程育人、全方位育人,努力打造上海版专教育教学改革的"道法术器",培养德、智、体、美、劳全面发展的新时代高素质技术技能型人才。

　　第二,在学校所承担的三年行动计划任务和项目中,选取一部分项目加以重点扶持、指导和培育。力争通过三年左右时间的建设能够产生一批国家级实训中心、国家级虚拟仿真实训中心、国家级重点实验室(工程中心)以及国家级精品资源开放共享课程等"国"字头的平台和成果。同时,希望通过项目建设能够助推学校中外合作办学机构、创新创业平台、高等职业教育研究机构的落地与发展,为学校的可持续发展和转型升级提供平台支撑。

　　第三,做好"教育部高等职业教育创新行动计划"的验收工作,全面梳理和总结项目建设的经验和不足,提升学校推进大项目建设的管理水平和把控能力,做好新一轮内涵建设的顶层设计,为学校下一步内涵建设打下坚实的基础。学校将进一步加强对项目负责人和骨干教师的培训,提升他们的专业素养和预算编制执行能力,提高预算编制精准度和执行率。

第四,注重内涵建设验收的及时性,完善内涵建设绩效评价体系。结合事业单位分配制度改革,完善并实施内涵建设的绩效评价和激励机制,通过奖优惩劣,激发广大教师投身教育教学改革和建设的热情。加大对办学资源的共享与整合力度,提高实验实训资源的使用率。

第五,进一步加大产教融合的深度与广度。在现有校企合作成效的基础上,对照国家和上海市文化产业跨越式发展和传媒产业转型升级的战略需求,进一步加大与行业产业合作的深度,加快专业结构调整优化,实现人才培养与产业发展的无缝对接,研究与探索建立产业学院模式。瞄准文化产业领域,在原有出版印刷行业的基础上,进一步拓展校企合作的范围与领域,向现代文化产业、文化装备产业领域进军。同时,学校将依托新建的"人工智能教育研究中心",深入研究人工智能产业发展给职业教育领域带来的深刻变革,为上海大力发展人工智能产业和新闻出版行业智能化转型提供智力支持和人才保障,努力为上海和行业内其他学校实现转型升级探索可复制的经验。

第六,大力加强协同创新,促进学校可持续发展。以行指委、职教集团和校企合作理事会为依托,以"校企合作""校际联合"和"校协联手"为抓手,以上海出版传媒研究院为平台,以协同创新为手段,进一步融合学校与行业企业科技创新和社会服务资源,加强科技服务团队建设,提高科技服务水平。通过整合技术和实验、实训资源,以共建技术咨询和服务中心、产品设计中心、研发中心、工艺技术服务平台、技能大师工作室及在企业建立教师实践基地等方式,继续开展与传媒行业企业的全方位合作,积极参与行业技术研发、高新技术推广、产品设计、技术改造、技术咨询与技术服务等工作,逐步形成适应传媒行业发展的特色科研与技术服务优势,不断提升科技开发成果转化能力,促进教师队伍素质、能力和水平的提升,进一步激发办学活力,促进学校教育教学改革。

第七,实施"名师"工程,进一步加强师资队伍建设。进一步落实专业及相关领域造诣精深且有较大影响力的行业领军人物、在行业技术应用方面具有精湛的专业操作技术和开拓性业绩的"技术大师""工艺大师"或"行业专家"等的引进培养工作,充实专任教师队伍;采取引进和教师发展培训的方式,显著提升专业带头人水平,建立一支具有"名师"水准的专业带头人队伍;通过校企合作理事会、职教集团及合作行业企业的资源共享机制,制定和完善优惠政策,继续聘请行业企业专家担任兼职教师、客座教授,进一步加强兼职教师队伍建设。

第八,加快推进奉贤新校区建设速度,大力拓展办学空间,积极向上级主管部门申请人员编制,为学校进一步发展留有余地、添足人手。

结　语

　　上海出版印刷高等学校作为新中国第一所出版印刷类高等学校、中国出版印刷高等职业教育的先行者、国家新闻出版署与上海市共建的行业特色院校，2018年成功召开了第一届党代会，确定了"三步走"的发展宏图。全校师生在党代会精神的正确指引和鼓舞下，顺利完成了"教育部高等职业教育创新发展行动计划"总结验收工作，制订了进一步开展教育教学改革和建设的方略，有力地推动了学校各项事业的发展。

　　"十三五"的奋斗即将收官，"十四五"的蓝图即将绘制。总结过去，一分汗水一分收获，有艰辛也有喜悦。我们以《上海出版印刷高等专科学校高等职业教育质量年度报告（2019）》，总结经验，分享收获，期待辉煌，"长风破浪会有时，直挂云帆济沧海"。通过文字、图表、数据等多种方式图文并茂地展示了学校2018年度所取得的人才培养和教育教学改革建设成果，力图将每一个精彩瞬间都载入"上海版专"的辉煌史册。

　　"凡是过去，皆为序章"。展望未来，我们持续奋斗，充满更高更好地期待。全体教职员工将在学校党委的坚强领导下，继续迎难而上、勇于开拓、努力拼搏、真抓实干，加强内涵建设、增强办学实力、进一步提升办学水平和人才培养质量。新的开始，学校将面临整体转型升级、专业结构调整、办学空间拓展、推进综合改革、谋划"十四五"规划以及完善现代职教体系等重大任务和课题。学校将以工匠精神、使命担当对接行业产业需求，用国际化的思维与眼光，思考探求技术技能人才培养的新思路和新发展，筑起技术技能人才培养的高峰战略，绽放育才之梦，唱响新时代高水平技术技能人才培养的主题曲。2020年是"十三五"的收官之年，所有"版专"人将为实现心中共同的发展之梦而继续阔步前进，为实现"两个一百年"奋斗目标和伟大的中国梦增光添彩。

　　本书从定题到正式付梓,面临组稿时间紧、编辑难度大等客观难题,所幸的是得到了上海大学出版社领导和编辑同志的高度重视和大力支持。在组稿与编辑出版过程中,各职能部门和各系部领导大力支持,教务处张婷、吴娟、姜一旻、郭扬兴、冯艺、虞李兵等老师和各系部教学秘书等教师都做了大量实质性的工作,倾注了大量心血,在此向他们表示感谢。当然,因编者水平有限,以及时间仓促、工作量大、涉及面广等原因,此报告难免有不当或疏漏之处,欢迎各位专家同仁不吝赐教,给予批评指正。

编　者
2019 年 9 月